■ 1997年制订的职业规划（45岁前

部分实际进展为后期补充

一枚の紙で夢はかなう

一页纸
实现梦想

思科执行董事的"未来年表"计划法

[日] 中川一朗 / 著　陈一珂 / 译

北京时代华文书局

图书在版编目（CIP）数据

一页纸实现梦想 /（日）中川一朗著；陈一珂译 . — 北京：北京时代华文书局，2022.6
ISBN 978-7-5699-4606-2

Ⅰ.①一⋯　Ⅱ.①中⋯②陈⋯　Ⅲ.①人生哲学－通俗读物　Ⅳ.① B821-49

中国版本图书馆 CIP 数据核字 (2022) 第 071277 号

北京市版权局著作权合同登记号　图字：01-2020-6349

"ICHIMAI NO KAMI DE YUME HA KANAU" by Ichiro Nakagawa
Copyright © Ichiro Nakagawa 2018
All Rights Reserved.
Original Japanese edition published by Kanki Publishing, Inc.
This Simplified Chinese Language Edition is published by arrangement with Kanki Publishing, Inc. through East West Culture & Media Co., Ltd., Tokyo.

拼音书名 | YIYEZHI SHIXIAN MENGXIANG

出 版 人 | 陈　涛
策划编辑 | 张超峰
责任编辑 | 张超峰
责任校对 | 张彦翔
装帧设计 | 红杉林文化
内文设计 | 段文辉
责任印制 | 刘　银　訾　敬

出版发行 | 北京时代华文书局 http://www.bjsdsj.com.cn
　　　　　北京市东城区安定门外大街 138 号皇城国际大厦 A 座 8 层
　　　　　邮编：100011　电话：010-64263661　64261528

印　　刷 | 河北京平诚乾印刷有限公司　010-60247905
　　　　　（如发现印装质量问题，请与印刷厂联系调换）

开　　本 | 880 mm×1230 mm　1/32　　印　张 | 5.25　　字　数 | 110 千字
版　　次 | 2023 年 4 月第 1 版　　　　　印　次 | 2023 年 4 月第 1 次印刷
成品尺寸 | 145 mm×210 mm
定　　价 | 45.00 元

版权所有，侵权必究

我坚信,"写下梦想"是普通人走向幸福充实人生的、最简单也是最行之有效的方法。

序　言

请问你拥有"梦想"吗？

每个人都拥有不同的梦想，有些人想成为有钱人住进豪华的房子里，有些人想出人头地做出一番事业，有些人想找到灵魂伴侣组建幸福的家庭，有些人想成为政治家改变社会，有些人想周游世界增长见识……

还有些人虽曾拥有过五彩斑斓的梦想，在现实面前却选择了放弃。

梦想是可以成真的。

不需要凭借天分，任何一个人都可以借助自身的力量与计划实现梦想。

成为一名大型外资企业的董事曾经是我的梦想。现在我已经成功地成为一名外资IT企业的执行董事，负责统筹管理公司的销售部门。

回首我的职业生涯，我曾辗转于德硕、惠普与思科这些IT业界最具代表性的国际企业。作为应届毕业生进入德硕时，我就树立了45岁成为外资企业的董事这一梦想。如今梦想"虽迟但到"，我于47岁成功当上了董事。

为什么像我这样的普通人也能够实现梦想？当然是有秘诀的。

那就是，我在一页纸上写下了梦想。

这看起来可能有些匪夷所思。但许多事情，确实是以"写下梦想"这一行为为契机而发生了变化。

我的思维方式、行为习惯也随之变化，最终，我的整个人生都发生了翻天覆地的改变。

我想告诉大家的是，实现梦想所需要的绝不是百里挑一的天赋，或是废寝忘食的努力，更不是缥缈虚幻的命运或运气。梦想实现与否其实取决于一个人是否能够有意识且具体地整理出自己对自身梦想的设想。

而"写下梦想"，我认为是一种非常行之有效且有落地性的方法，能够最大程度激发出所有想法，从而通过自己的行动，有计划地实现梦想。

据美国斯坦福大学调查发现，有"写下目标"习惯的人与没有这一习惯的人相比，平均收入高9倍。

只要坚持"写下梦想"，普通人也可以让工作中乃至人生中的梦想通通成真。

这本书不是某个成功人士在高谈阔论成功学，也不是某个顾问大拿在洋洋洒洒教授如何走上人生巅峰，因为我既不是成功人士，也不是顾问大拿。

当然，也不是为了教大家如何使用手账，或是如何管理时间。

作为一名在任高管，我基于自己过去30年的实践与经验提炼心得体会，通过这本书告诉那些虽然有梦想却迟迟没有行动，以及那些知难而退、放弃美好梦想选择当一条"咸鱼"的人，尤其是年轻人：每个人都可以脚踏实地地实现自己的梦想。

生而为人，家庭背景、天赋，以及运气绝不是平等的。但机会面前，人人平等。虽然努力不一定有回报，但有些时候努力了没得到回报，可能仅仅是因为努力的方向和方法不对。

即使是世界上最优秀的企业家，也并不是天生就知道该如何经商的。天才只是极少数，大部分成功的企业家或管理者也都是通过百折不挠的努力才闯出一片天地的。

虽然我并不清楚社会各界的成功人士具体是如何走上人生巅峰的，但回首往事，我坚信，"写下梦想"是普通人走向幸福充实人生的、最简单也是最行之有效的方法。

衷心希望这本书能够帮助各位读者实现梦想。

中川一朗

2018年2月吉日

目 录
CONTENTS

CHAPTER

1 为什么要写下梦想

入职时的梦想　　003

为什么我开始写下梦想　　008

关于梦想　　012

为什么写下来就能让梦想成真　　014

　1. 帮助理清思路　　015

　2. 认识真正自我　　016

　3. 将梦想具象化　　018

　4. 潜意识的力量　　019

　5. 改变行为模式　　021

CHAPTER 2 实现梦想的5个步骤

第1步：做好准备　　028

第2步：认识自我　　033

第3步：规划梦想　　044

第4步：激发动力　　063

第5步：重温目标　　080

CHAPTER 3 助你实现梦想的几个习惯

写日记　　089

用好备忘录　　092

每天保证半小时　　095

走出舒适区　　097

活在当下　　100

先改变自己　　103

相信自己是幸运的　　106

一屋不扫，何以扫天下　　109

精心穿搭，取悦自己　　112

CHAPTER

4 为了实现梦想而坚持的几件事

10倍努力，2倍产出　　119

宁做凤尾，不做鸡头　　121

最大的竞争对手是自己　　123

把所有人当作客户　　125

比"拼命"更拼　　127

超出预期，出乎意料　　130

不放弃就不会失败　　132

对待工作不敷衍　　134

成为国际化人才　　137

从运动中学习　　141

榜样的力量　　144

结　语　150

主要参考文献　　154

CHAPTER

1

为什么
要写下梦想

入职时的梦想

大概是33年前，我以应届毕业生的身份进入了当时IT行业头部企业之一的德硕，踏入社会。

当时约有1000人与我同批进入公司。

就在那时，我定下了一个看起来非常异想天开的目标。

我要在45岁时当上董事。

虽然当时还是个新人，完全不了解公司架构，但初生牛犊不怕虎，我还制订了粗略的职业规划——从22岁到45岁整整23年时间的"计划"。

之后的20多年间，虽历经风风雨雨，但我从未忘却初心，一直把这份计划当作护身符一样随身携带，只是每年定期纠偏。虽然这看起来只是一个新晋社会人异想天开的大话，但我这20多年来确实一直坚信自己一定可以让梦想成真，也一直努力为之奋斗。

念念不忘，必有回响。虽比原计划晚了两年，但多亏了身边所有伙伴与亲朋的支持，也多亏老天眷顾，我于47岁时成功实现了这一梦想。

日月如梭，最初的年表记录已无从找寻，这里姑且给大家放一张20多年前，也就是我1997年更新后的年表照片。

■ 1997年制订的职业规划（45岁前）

■ 1997年制订的职业规划（45岁前）译文

截至1997.11.20规划进展

AN	AGE	PLAN（B）	ACT（B）	AIC
1985	22			
1986	23	进入公司	进入公司	
1987	24			
（1988）	（25）	销售助理		
1989	26			
1990	27			
1991	28			
1992	29		销售经理	
（1993）	（30）	主任（8）	主任（8）	
1994	31			
1995	32			
1996	33	专任（9）	专任（9）	
1997	34			
（1998）	（35）	外派纽约		
1999	36		部长（10）	
2000	37	部长（10）		
2001	38		外派纽约	
2002	39			
（2003）	（40）	理事（D）	业务部长（10）	
2004	41			
2005	42			
2006	43		理事（D）	
2007	44			

H1

CHAPTER 1　为什么要写下梦想　　005

(续表)

AN	AGE	PLAN(B)	ACT(B)	AIC
(2008)	(45)	董事(C)		
2009	46			
2010	47		执行董事(C)	
2011	48			
2012	49			
2013	(50)			

部分实际进展为后期补充

    1997年，我的工作逐渐开始上手，原来制订的"23年计划"也正好差不多进行到一半，1996年更是按照计划成功升职（课长），有了自己的下属。1997年可以说正是我意气风发，准备继续大展宏图的一年。

    如上页图，PLAN（计划）列右边一列的表头写着ACT（行动），这一列用于记录实际进展。1997年后的ACT是我后期又补充上去的。想必大家通过对比这两列可以看出，1997年后进度并没能按照原计划顺利推进，升职部长与外派纽约的顺序与原计划相反，当上理事的时间也较原计划有所推迟。

    虽然现实谈不上一帆风顺，但心中有了信念，行动就有力量，我能感觉到我在一步步走近梦想，因此每天也都能积极投身于工作。

"写下梦想"能给予我们动力、信心与拼搏的激情。

也会带给我们幸运与意想不到的机会。

所得即所愿，有多大的梦想，幸运女神就会赐予多大的机会。

而当机会真正降临时，你是踌躇不前错失良机，还是勇往直前把握时机，区别只在于一点点准备及勇气。

为什么我开始写下梦想

我想跟各位稍微聊聊我是如何养成"写下梦想"这一习惯的。

小时候,我是一个无法无天的熊孩子。听说当时我妈只要听到有小孩子号啕大哭,就会第一时间冲过去给人家赔礼道歉,期末家长会上我还会表演名人模仿秀,逗得大家哄堂大笑。总之,我可以说是一个精力旺盛且擅长活跃气氛的小孩。

同时,我也是一个患有哮喘病,身体羸弱的孩子。虽然爸爸是一名教师,但我的成绩只算得上马马虎虎,绝谈不上是一个合格的"教师子女",这也导致我成长过程中一直隐隐有一些自卑。

为了考上东京都的高中，初中时我听从父亲建议，从老家千叶县赴东京读书，也就是所谓的跨学区上学。如果不能如愿考上理想高中，这些奔波将毫无意义，所以未来3年时间，我必须在新学校做到名列前茅。这也让我第一次感到压力巨大。

某一天，妈妈突然递给我一页纸，让我在纸上写下"昭和五十二年（1977）四月考上××高中"。等我写好后，妈妈就把这张纸贴到了我的桌子上，然后离开了房间。

虽然那个瞬间我并没有受到什么触动，但凝视片刻后，我突然觉得似乎透过这张纸看到了自己未来3年间废寝忘食地学习的画面，以及3年后成功考上高中欢呼雀跃的画面。

自那以后，无论是否情愿，我每天都会主动逼自己看一看这张纸。我的心态也从一开始的"我能考上多好"逐渐变为"我想考上这所学校""我必须考上这所学校"，最终坚信"我一定能考上这所学校"。

就这样，像是自我暗示一样，我做好了心理准备，斗志昂扬地开启了3年学习生活。

果然功夫不负有心人，3年后，我成功考上了心仪的高中。这次幸运的成功经历给了我信心，让我养成了"写下梦想"的习惯。

例如，有马拉松比赛的话就在纸上写下"跑出名次"，然后埋头训练；期末考试就写下"要冲进前三名"，然后每天反复勾勒纸上的笔迹，像是施法一般；高考就写下憧憬的重点大学名称，并将这张纸随身携带。

可千万别小看这个习惯，就是它让我得以一步步实现生活中的各种小目标，乃至人生梦想。

为什么只要写下来，就能让梦想成真呢？进入梦寐以求的大学后，怀着这一疑问，我对成功哲学产生了兴趣。

起初我认为这应该是一个神学问题，但当我读了戴尔·卡耐基的《如何赢得友谊及影响他人》、约瑟夫·墨菲的《潜意识的力量》、斯蒂芬·柯维的《高效能人士的七个习惯》等书籍后，结合大量的阅读与自身实际经历，我逐渐意识到这个问题或许可以找到更为科学的解答。

终于，当我读了拿破仑·希尔的《思考致富》后，我意识到自己终于找到了答案。

人类的潜意识会帮助人类处理大量信息，但只有当人类有强烈的意图或想法时，这些被重点关注的信息才会浮出潜意识，刺激大脑，从而让我们做出实际行动。

所以，正是"写下梦想"这个动作让想法具体化，从而才促使想法化为了实际行动。这让我意识到，我的亲身经历确实可以找到科学依据。

关于梦想

梦想到底是什么呢?

大家可以试着采访一下周围的人:"你的梦想是什么?"或许你会惊奇地发现:50%以上的人都会一脸茫然地跟你大眼瞪小眼,只有极少数人可以当场做出明确回答。当然,部分人可能是因为羞于向他人谈及自己的梦想,但其实真的有很多人答不出具体的梦想。

有些人可能是从没有明确展望过未来,有些人可能只是随着年华逝去,梦想逐渐被日复一日的生活琐事消磨殆尽了。但我们何其有幸生而为人,这样未免有些令人惋惜。

试想假如我练习铁人三项①时，不设定任何目标，只是一味挥洒汗水，毫无计划、不把控节奏，也不分配体力，不觉得这样会非常乏味无趣吗？因为人不可能毫无目的地游泳或奔跑。没有梦想与目标的人生不就像是没有终点线的马拉松或铁人三项一样吗？

==正视自己的希望与梦想，直面梦想、勇于挑战，才是充实人生，让生命的每一天都变得闪闪发光、变得令人心潮澎湃的最行之有效的方法。==

梦想与目标不是一朝一夕就可以轻易实现的，"不积跬步，无以至千里；不积小流，无以成江海"。虽然常言道"运气也是实力的一部分"，但若没有日常的积累与准备，运气也不会无缘无故青睐任何人。

人生若按80年来算，换成天数，还不到30000天，是不是意外地发现原来也没多少天？

只有一次的人生，任何一天都不应该被虚度荒废。

我衷心希望各位读者接下来能与我一同启程，去探索自己更多的可能性。

---

① 铁人三项是将游泳、自行车和跑步这三项运动结合起来而创造的一项体育运动项目。

为什么写下来就能让梦想成真

能够实现梦想的人到底有什么过人之处呢？其实除了少数天才，任何人所拥有的能力和机会都相差无几。

接下来，就让我结合自己的亲身体会，从5个方面来为大家讲讲"写下梦想"到底为什么能够助力梦想成真。

相信阅读下文，能帮助大家理解"写下梦想"到底会给人的行为、事情的结果带来什么样的影响，以及为什么可以大幅度提升梦想成真的可能性。

长江后浪推前浪，如果平庸的我可以做到，那么相信各位读者也一定可以做到。

1. 帮助理清思路

想要实现梦想，重要的是聆听自己的心声，而不是他人的言辞。

当你将自己的想法梳理为文字时，往往才会意识到原来自己以往自以为清晰的梦想其实是模糊不清的。

"书写"即为思考，将想法诉诸文字写于纸上的瞬间，梦想就跃然于纸上，呈现于我们眼前了。从而我们也可以对之进行分析解读。

"书写"同时也是一种记录。人的想法会随着时间改变，但记录不会，它可以让你随时追溯每一年的心路历程，也可以让你随时找回初心。有书写习惯的我对此深有体会。

<u>"书写"能帮助我们梳理自己真正的想法，从而帮助我们正确认知自我。</u>

而且"书写"还可以帮助我们在迷茫时找到正确的前进方向。

举个例子，当你想买车，又在选中的两辆车间纠结时，就可以找张纸写下车辆外形、价格、品牌、油耗、安全性能、驾驶性能、销售人员及企业等评判指标，并按10分满分制来分别给两辆车打分。这样一来，你就可以用数字这个非常客观的衡量依据来帮助你了解自己对两辆车的倾向了。

<u>我常常建议有烦恼的人可以试着做"因数分解"</u>。怎么做因数分解呢？就是借助"书写"来解决问题。如果不找出真正令自己烦恼的原因，只会导致烦恼逐渐升级。我认为可以在纸上列举出自己烦恼的原因，也就是尝试找出烦恼的因数。写出来后很可能会发现其实真正令人烦恼的事情屈指可数，而且这些也都称不上什么大事情，如此一来，莫名其妙的担忧自然也就随之烟消云散。"书写"能够卓有成效地帮助我们理清思路，从而找到客观具体的方法来解决问题。

2. 认识真正自我

我们每天都扮演着不同的角色：在办公室是经理、在家里是丈夫或父亲、在父母面前是孩子。我们兢兢业业地扮演着这些角色，试图做一个好的上司、丈夫或父亲，但很少有机会脱离这些角色，回归自身，发现真正的自我。

因此，身边有能够坦诚清晰地指出我们优缺点的良师诤友，对我们自身成长来说是非常有益的。我经常会主动了解上司或下属对我的评价，而每次都会发现我的自我评价其实存在很严重的认知偏差。

原来我并不了解自己。自以为温和可亲，其实别人觉得我严厉强势；自以为遇事果决，其实别人认为我在关键时刻优柔寡断……一字一句皆发人深省，让我受益匪浅。

同样，"书写"这个自我对话的过程，也是帮助我们客观认知自我的途径之一。

甚至可以说，"书写"是能够帮助我们重新审视自我，了解内心真实想法的最简单有效的方法。

重新审视自己或许会让我们意识到，原来一直以来的梦想和目标仅仅是受周围人看法影响而产生的欲望，或者干脆是家人的愿望，并不是自己的真实想法。

不是自己发自内心渴望实现的梦想，即使按我说的写在纸上，也不会太管用。

所以，"书写"是实现梦想不可或缺的、认识真正自我的方式。

3. 将梦想具象化

有些梦想之所以会无疾而终,或许是因为过于模糊不清。一个模棱两可的梦想,如同雾里看花,又何谈实现呢?

要想让梦想成真,就需要先明确梦想到底是什么。举个很简单的例子,不能仅仅停留在"想成为有钱人"或"想保持身体健康"这种模糊的梦想上,而是要设定更为明确的目标,例如,"10年后存到1亿日元"或是"长命百岁"。

用文字来描绘梦想的话,大家是不是就能意识到自己的梦想有多么抽象了?不仅难以找到具体的指标去表述,甚至可能根本就不成形。

例如,假设梦想是"想成为有钱人",那么到底怎么成为有钱人呢?是亲手赚得盆满钵满,还是中彩票发一笔意外之财呢?这两种方式是完全不同的。

同一个梦想,对于不同的人来说,内涵可能各不相同。那些梦想非常明确的人,知道自己要于何时、何地达成什么样的目标,以及为什么要达成这个目标。但大部分人的梦想往往是非常抽象的,就像航海时没有航海图一样,他们连该往哪个方向前进都一头雾水。

运动中有表象训练①这一说法。通过将正确动作的暗示深深植入人的大脑内,来帮助人做出正确的动作。这种训练要求人的大脑必须想象出足够具体鲜明的情景,感受身体,记住每个瞬间的感觉。这个方法同样适用于梦想,借助文字将抽象的梦想具象化,让梦想具体到甚至可以让人联想到梦想成真时的情景、心情,是非常有助于我们实现梦想的。

将梦想尽量明确地用文字表述出来,能给我们的行动及思维带来巨大的影响。

4. 潜意识的力量

树立目标其实是我们给自己许下承诺,一定要达成某个目标。但这个承诺是否能够履行,取决于我们是否勤勤

---

① 表象训练(imagery training)亦称"想象训练"。心理训练方法的一种。借助言语暗示、放录音引导或看录像等方法,以唤起已有的运动表象。

恳恳地努力，以及有没有孜孜不倦的韧劲。

并不是所有人都能拥有钢铁般的坚强意志。而且谁敢保证仅凭借意志就能实现梦想呢？因此，我建议大家可以写下梦想，借此激发潜能、引导自己下意识朝着目标前进，而不是仅凭借着努力或意志。

那么，如何才能将梦想植入我们的潜意识呢？据说，需要通过反复想象来加深印象。我的个人经验是不能凭空想象，看着写下来的文字才能够想象出更为鲜明逼真的情景，从而更为有效地将梦想植入潜意识中。每天反复审视写在纸上的梦想其实就是一种自我暗示，而梦想会在这种暗示下越来越像是真的。

因为工作原因，我经常需要在客户面前演讲或介绍产品。讲述内容及事前练习等模块的重要性无须再强调。我个人还会提前几天开始想象自己站在演讲台上胸有成竹、沉着冷静、侃侃而谈的画面。通过反复想象加强暗示，往往不仅紧张的心情随之烟消云散，自信也会油然而生，让我坚信自己到时一定可以做好。

有了自信后，上场时自然也就能做到游刃有余了。这其实也是利用潜意识作用来做表象训练。

潜意识的力量其实就是蕴藏于我们每一个人体内的无

限可能性。其实，我们平时根本没有发挥出真正的、全部的实力，而能够决定我们能力上限的只有我们自己。换言之，我们可以通过潜意识暗示来挖掘自身无限的可能性。

5.改变行为模式

种瓜得瓜，种豆得豆。有果必有因。

在十字路口左转还是右转，现在打电话还是明天再打电话，每一个选择都会带来不同的结果。因此，即使写下梦想并为之制订了缜密的计划，只要不行动起来就毫无意义。

"写下梦想"能够提升我们对梦想／目标的关注度，以及对相关信息的敏感度，从而潜移默化地影响到我们的具体行为。正如上文所述，形成潜意识后行动自然而然会发生变化。

或许大家听说过，如果想向某人看齐，就要先模仿他的一举一动，因为随着时间的推移，这些行为会潜移默化地内化为自己的行为。我也听说过，如果想要提升生活水平，就不能太精打细算，要大方点买下豪车、名牌手表等高档品，如此一来，生活质量自然会逐渐提升。对此我深有同感，进入角色也是一种潜移默化改变我们行为方式的好方法。

强扭的瓜不甜。潜意识下的行为是顺其自然的，完全不需要强迫自己，因此行动时内心也能感受到由衷的闲适、愉悦。

日积月累，这些行为又会在不知不觉间成为我们的习惯，甚至塑造我们的性格、三观。滴水穿石非一日之功，冰冻三尺非一日之寒。梦想不可能在一朝一夕之间轻易实现，我们需要借助潜意识来不断潜移默化地改变行为，从而一步步实现梦想。

CHAPTER

2

实现梦想的
5个步骤

如何通过在一页纸上"写下梦想"而让梦想成真呢？接下来，我就给大家讲一讲具体的5个基本步骤，希望能助力各位梦想成真。

前文中我提到过第一次"写下梦想"是写在一页纸上。但经过长期实践后，我逐渐发现长远的目标或梦想，其实更适合被写到手账上，因为手账能够长期保存使用，也方便随身携带。我建议大家也用手账来实践下文所要介绍的5个步骤。

但请大家务必记住手账只是一种工具，重要的是"写下目标/梦想"这个行为。如果不习惯使用手账，也完全可以用一页纸，甚至是笔记本/日记本的白纸来记录。

实现梦想的5个步骤

第1步：做好准备

第2步：认识自我

第3步：规划梦想

第4步：激发动力

第5步：重温目标

或许看到这里各位读者会质疑，仅凭这5个步骤怎么实现梦想？但古语道："积土成山，风雨兴焉；积水成渊，蛟龙生焉。"正是这些"基本功"让我在实现梦想的道路上如虎添翼。

接下来，就让我为大家一一介绍。

■ 梦想金字塔

实现梦想

第5步：
重温目标
·每天回顾
·及时调整

第4步：
激发动力
·确定每天必做事项
·记录个人页面
·提前规划日程

第3步：
规划梦想
·做一个梦想清单
·制订未来年表（10年计划）
·展望一年后的自己（年度计划）

第2步：
认识自我
·明确价值观
·思考"这辈子一定要做的事情"

第1步：
做好准备
·准备一页纸或一本喜欢的手账
·分清手账/手机用途

第1步：做好准备

准备一页纸或一本喜欢的手账

让我们来看看如何选择一本适合自己的手账。

大家可能会吐槽我这是挂羊头卖狗肉，明明书名是《一页纸实现梦想》，现在又来教你们如何选手账。

上文已跟大家强调，写下梦想的关键在于写下这一动作，手账仅仅是一种便携的载体，绝不是不可或缺的。

但俗话也说"工欲善其事，必先利其器"，这本书不是为了教大家实现短期目标，而是教大家如何稳步实现中长期梦想。因此，这里还是容我建议大家选择更为方便携带、保存且随时能回顾的手账。

建议初次使用手账的人可以先选一本《圣经》大小的手账。毕竟这本手账要陪伴大家接下来一整年，因此最好选择一本你喜欢的手账，不要随手拿一本粗制滥造的赠品。

萝卜白菜，各有所爱，选什么手账不重要，<u>关键在于要选择一本完全合乎自己心意、让你愿意随身携带、每天能回顾的手账。</u>

以前我爱用FILOFAX（斐来仕）的活页手账，方便随时增删修改。但如今一部手机就能存下所有需要的信息，实在没必要再随身携带一本厚厚的手账。因此，现在手账对我来说，就是梦想专用道具。

现在我用的是MOLESKINE（意大利手账品牌）手账。MOLESKINE旗下手账品类繁多，我一般选黑色封皮，手账内有日程表和较多空白纸张，可以让我自由记录日记的那种。

想必如今有不少人习惯用电脑上的日程软件来事无巨细地记录每天的详细工作计划等，我在第4个步骤"激发动力"中也将提及一点，虽然将梦想计划提前写入日程表也是非常重要的，但最好选择可以以月度为单位来重点呈现关键规划的手账。

建议大家尽量选择有日程表的手账。因为对于计划来说，时间节点是必不可少的要素，而日程表又可以起到提醒自己的作用。我个人会将月度重要事项都写入月度日程表，无论是否与梦想或目标强相关。但根据个人习惯也可以只写上强相关的事项。<u>再啰唆一遍，大家一定要精心挑选一本设计考究，符合自己审美，让你愿意随身携带的手账。</u>

我前前后后、兜兜转转用过不少手账，最终还是觉得MOLESKINE的手账设计简洁又实用，因此现在每年都用它。清一色的手账收藏起来，再翻阅时也别有一番岁月沉淀下来的厚重感。

分清手账 / 手机用途

随着手机等移动设备普及，如今会随身携带手账的人是越来越少了。毕竟手机不仅可以管理日程，还可以保存联系人、家庭住址等各种信息，甚至还有搜索功能。

但我个人认为若是想记录一些想法或灵感，需要边思考边记录的话，比起电子设备，还是纸和笔这样的"老古董"更为得心应手一些。我平时是这样来区分手账和手机用途的：

手机：用来高效管理日常生活、时刻捕捉新信息、存储记录过往信息。

手账：用来在追求梦想／目标时，推敲思路、记录计划。

手机等数码设备中保存的信息不计其数，往往没办法细细回味。更甚者，有些人习惯将所有可能用到的信息通通一键保存，但保存后也只是束之高阁。

手机等电子设备主要用途在于获取新信息，存储的信息时刻都在更新增加，所以与只会用一年的手账不同，手机等电子设备难以追溯历史信息或心路历程。

手账更方便我们用来沉淀思绪，涂涂画画尽情展望未来。大家或许会说手机上也有类似用途的App，但我还是认为"写"这个动作比较关键，手写这种老派做法才更适合用来整理思路嘛。

手机等电子设备虽拥有五花八门的功能，但手账就如同我们的自传一般，沉淀的是走过的岁月。

因此，我希望大家务必选择手账来作为我们实现梦想的伙伴。

■ 我用的MOLESKINE手账

用过后都会妥善保管起来

第2步：认识自我

明确价值观

在各位制订梦想、实现计划前，我想先带大家做另一项准备工作。

那就是让大家"认识自我"，直面内心，弄清楚自己到底是一个什么样的人，以及到底想要成为什么样的人。

不管是懵懵懂懂没有明确规划，还是已经有了梦想但迟迟没有付诸行动，抑或是虽有梦想但想要追求更为远大的梦想，重新认识自我对于各位读者来说都是一个非常关键的步骤。

因为只有彻底弄明白自己的幸福感来源于何处，才能更加具体地描绘出梦想。

因此，在设立具体的梦想或目标前，请大家先明确自己的价值观。

想想生命中到底哪些事物（如物品、经历、见解、感情）对你来说最珍贵，想想到底哪些事物是你不可让步的底线。简单来说，想想你到底为了什么而活。

每个人的价值观都是不同的，大多数人平日里都不会认真审视自己的价值观，因此认识自我其实并不简单。

有一个词叫作"白纸黑字"，想必大家日常也会发现，话可以张口就来，但写下的文字是没有模棱两可的余地的。这也是我建议大家把梦想写到纸上的理由之一。

价值观不会轻易改变。因此，大家审视好自己的价值观后，只需要在结婚或生儿育女等人生重要节点重新审视即可。

我衷心建议大家在制订实现梦想的计划前，先认真审视自己，搞清楚自己的真正愿望及人生价值。因为一步错，步步错。一旦方向错了，那么付出再多努力也无异于南辕北辙，即使拼命实现了梦想也不一定幸福。

接下来请大家参考以下关键词，然后列出8~10个自己人生中的关键词。

请大家务必深思熟虑，确保选出的关键词符合自己内心真实想法，没有违心之处。

> 价值观示例：
>
> 健康、快乐、家人、容貌、诚实、稳定、安全、传统、耐心、想象、挑战、成长、成就、知识、智慧、勇气、和平、和谐、创造、友谊、爱情、权力、财产、责任、感恩、谦虚、繁荣、感动、孩子、幽默、合作、关怀、审美、忠诚、平衡、冒险、勤奋、奉献、成功、贡献、志向……

写好后，请再试着写出选择这些关键词的理由。理由不限字数，根据个人需要也可以自由组合一些其他关键词来描述价值观。

为什么要这样做呢？举个例子，同样是"感动"这个词，它在"通过工作带给他人感动"与"让世界文化感动自己"两种情景下的含义是完全不同的。

最后，请大家把这些关键词按照重要程度从高到低排序。

这个顺序就是我们日常做判断时的优先级顺序。虽然不同关键词间有时会相互影响，有时会彼此冲突，某些情况下甚至顺序可能还会互换，但这个优先级会成为我们做判断时一个非常有用的参考依据。因此希望大家在审视自己的价值观时都能直面内心，不要为世俗或道德所束缚。

为了方便大家参考，下面列出我现在的价值观。身为一个已经人到中年的大叔，价值观或许看起来会有些杂乱。

> 1. "家人"的幸福最重要
> 2. 对所有人怀有一颗"感恩"之心
> 3. "挑战"自我、不断"成长"
> 4. 身心"健康"
> 5. 不卑不亢、"光明磊落"
> 6. 通过工作带给他人"感动"
> 7. 经济自由、积累"财富"
> 8. "奉献"自我、带动社会

虽然上文我告诉大家价值观不会轻易发生改变，但其实长期来看还是多少会有一些改变的。

比如，年轻时一心扑在工作上，但步入中年为人父、为人母后,家庭的优先级就可能会后来居上,钱也变得越来越重要。等到年华逝去,可能又会开始关心如何才能给社会做贡献。所以建议大家可以定期重新审视自己的价值观。

再唠叨一句,希望大家一定要直面内心,不要掩饰自己的真实想法。因为我们只有借助这个步骤明确了价值观,搞清楚自己到底应该依据什么来设定目标和行动,才能真正得到幸福,充实自己的人生。

比如,某个人希望自己能够堂堂正正做人。那么即使赚再多钱财,只要是不义之财,违背了他的价值观,这个人就不会感到幸福。

反过来,如果价值观中并没有这一条,那么无论以何种方式,只要赚到钱,这个人就会获得成就感。

所以,请务必客观审视自己的人生,思索人生意义。只有认识到真正的自我,才能找到真正适合自己的梦想／目标,并为之制订计划。

■ 我的价值观

■ 我的价值观（译文）

价值观（行为准则）

1. "家人"的幸福最重要	老婆、女儿第一，自己排最后
2. 对所有人怀有一颗"感恩"之心	上司、下属、老婆、女儿、朋友、客户
3. "挑战"自我、不断"成长"	英语、商业模式
4. 身心"健康"	铁人三项、每天健身、用餐
5. 不卑不亢、"光明磊落"	谦逊、责任心
6. 通过工作带给他人"感动"	快乐、培养、成就感、团队合作
7. 经济自由、积累"财富"	年收入、财产
8. "奉献"自我、带动社会	文化交流、社区活动

思考"这辈子一定要做的事情"

接下来,在思考人生的长远梦想或目标前,先让我们轻松愉快地想想有什么事情是这辈子一定要做的吧。

可以是接地气的"登顶富士山",可以是令人心潮澎湃的"乘豪华游轮周游世界",也可以是与工作相关的"创业"……尽情写下自己的愿望吧,不要被现实所束缚。

是不是平时总觉得自己有很多愿望,但一到要写的时候连10个都写不出来?生活的激情都已经被生活琐事磨灭。

想登顶富士山,可以来场说走就走的旅行;想环游世界,可以立刻开始存钱、规划旅行路线;想亲手创立一家公司,明天就可以行动起来。

只要写下来,我们的想法就会随之发生改变。而我让大家制订"这辈子一定要做的事情"清单只是为了给大家练手,所以不要求设定严格的DDL(deadline,最后期限),也不限制个数等条件。大家只需要喝着奶茶、咖啡,想到哪里写到哪里就好。甚至可以到网上搜索"这辈子一定要做的100件事",从其他人的清单中获取灵感。其实,单纯看看其他人的清单也是一件令人非常愉快的事。以下例子仅供大家参考：

> · 旅行：环游世界、体验无人岛生活、参观世界遗产
> · 生活：旅居欧洲、养一条狗、出写真集、出国留学
> · 活动：登顶富士山、学会冲浪、体验跳伞、学习钢琴
> · 健康：跑完"全马"、断食、戒烟、买一辆公路自行车
> · 邂逅：见到名人、与初恋重逢
> · 家庭：孝顺父母、看看曾孙

让大家先制订"这辈子一定要做的事情"清单其实还有另外一个目的。

接下来，带大家制订的梦想计划往往与职业生涯相关，会偏严肃一些（当然它确实值得被严肃看待）。但我想告诉大家，考虑这些能带给我们快乐的事物同样能够拓宽我们生命的宽度，绝不是玩物丧志。

而且这个清单也能成为第3步要带大家制订的"梦想清单"的候补。或许现在看起来它们不切实际，但说不定某一天也能成为你真正的梦想。

虽然跟大家唠叨了这么多，但我自己也只是一介凡夫

俗子，跳不出生活的一亩三分地。只能衷心希望各位读者可以尽情去想象，绝不要给自己设限。这里列出我的清单仅是抛砖引玉。

■ 这辈子一定要做的事情

死ぬまでにやりたいことリスト
- ✓ ① アイアンマン完走 (3.8km + 180km + 42.19km)
- ✓ ② 富士山登頂 (2017.8.12)
- ✓ 3. 挨拶の表紙になる
- ✓ ④ 本を出版する。
- ✓ ⑤ ▓▓▓ ペントハウスに住む
- 6. TEDに出演する (英語)
- 7. ファーストクラスでヨーロッパ周遊
- 8. アフリカ サファリ 旅行
- 9. 世界遺産を周遊する
- 10. ▓▓▓ 別荘を持つ
- 11. ハワイに住む

■ 这辈子一定要做的事情（译文）

1. 挑战世界铁人三项赛（Ironman）（游泳3.8km+自行车180km+跑步42.19km）
2. 登顶富士山（2017.8.12）
3. 登上杂志封面
4. 出本书
5. 住××的阁楼
6. 做一场TED演讲（用英语）
7. 坐头等舱周游欧洲
8. 去非洲徒步旅行
9. 打卡世界遗产
10. 在××买一套别墅
11. 定居夏威夷

第3步：规划梦想

做一个梦想清单

各位读者，接下来终于要讲到正题了。这一步是最主要的步骤。

首先，让我们来尽情想象什么样的梦想能给自己带来由衷的幸福感，将其写在纸上。数量不限（建议5~10个）、内容不限，希望大家借助这个机会好好想一下在工作上、生活爱好上，以及家人、亲友等人际关系方面分别有什么样的梦想。

写的时候有几个要点：

1. 不要写一些过于日常的目标（比如，存100万日元、瘦身6斤等），要尽可能大胆地展开想象的翅膀，展望一些远大的，甚至可能觉得难以实现的梦想。

最好就是那些内心一直暗暗憧憬却没有勇气实现的梦想，敢想就有机会，敢做就能成功。

2. 请尽可能具体地描述这些梦想，具体到甚至能让你联想到实现梦想时的画面。

例如，"想在国外工作"就写出具体的工作国家和地点，"想出人头地"就写出想达到的职级或职务，"想拥有一套房子"就写出房子的具体位置、面积及预算等。

虽然我刚才一直要求大家尽情展开想象，但或许某些梦想实在是让人望而却步。比如，年收入1000万日元挺好，但1亿日元，甚至是100亿日元的话不是更好吗？那么，设定目标的标准到底是什么呢？其实设定能让你得到100%幸福感的目标即可。想想年收入1000万日元是否能买到所有你想要的东西，可以的话，这个目标就是合适的；不可以的话，提高目标即可。

除了梦想，大家制订一些目的性比较强的目标也未尝不可。比如，筹措3000万日元的启动资金来创业，或者攒够5000万日元来购置新房。

只有写出来，大家才能够意识到自己的梦想到底有多么雾里看花了。但只要我们反复推敲，一定能够揭下梦想神秘的面纱。

3. 表述务必明确清晰，不要模棱两可。

这是什么意思呢？能用"达到××目标"或"超过××"这种强有力的话语来表述梦想，就别只是用"我想××"或是"我想成为××"这样软弱无力、唯唯诺诺的话语来表述梦想。

另一个关键在于，要表述梦想成真后的情形画面，而不仅仅是梦想成真这件事本身。例如，与其写"成为××"，不如写"成为××后我在××"；与其写"买××"，不如写"拥有××后我在××"。如此一来，梦想才会显得更加真实。

举个例子，想"成为一名作家"的话，可以写"获得直木奖后，我的畅销作品销量超过100万"；想"买一辆进口车"的话，就可以写"开着一辆白色的、炫酷的玛莎拉蒂去轻井泽[①]兜风"。

[①] 日本的一处避暑胜地，位于长野县东南部，浅间山的山麓平地上。

4. 务必给梦想设置DDL。

建议大家可以将梦想的DDL，也就是完成期限设置到5～10年后。虽然我当初一踏入社会就立刻以45岁时实现梦想为目标，给自己制订了长达23年的计划，但当时大多数公司都实行终身雇用制，我虽在外企也不能免俗，职业生涯基本一眼可以望到头，当然与如今经常有跳槽、转岗机会的年轻人是不能相提并论的。

时过境迁，如今的社会高速运转，跳槽、转岗早已司空见惯。现在的年轻人根本无法想象30年前的境况，因此，现在设置长期规划的话，我建议可以把所有梦想的完成期限设置为10年左右。

计划的启动时间则是完全不限的。大家既可以将启动时间设在一年之初等比较有仪式感的日子，也可以说干就干，立刻开始。

虽然终极目标的完成期限可以设置为10年后，但我们拥有不止一个梦想，并不是所有梦想都要留到10年后一同实现。10年只是一个最终期限，在此之前我们完全可以实现一些其他的目标或梦想，不要把期限设置得过紧，但也不宜太松。

就像工作需要DDL一样，人生也需要DDL。请大家充分结合现状与年度计划等，设置一个富有挑战性但在能力范围内的完成期限。因为嘴上说随时都可以完成，其实往往遥遥无期；嘴上说有时间就做，其实就算有时间也只是虚度时光。因此，设置完成时间与使用明确清晰的表述这两点都是非常关键的。

讲完以上4个要点后，我想带大家看看下面的梦想清单示例。其中部分内容可能与"这辈子一定要做的事情"清单有重合，但只要描述得更为具体即可。

与价值观关键词不同，梦想清单中的梦想不需要顺序。因为梦想本就无从衡量比较，而且无须强求全部实现。因为实现任何一个梦想都是十分值得高兴的事情。

梦想清单示例（省略完成时间）

工作事业上：
　　当上老板→当上一家500人以上规模IT企业的老板
　　出国工作→在美国西海岸某家企业当上经理
　　高收入→年收入超过3000万日元

生活爱好上：
　　出书→退休后成为一名作家，获得芥川奖
　　建一栋别墅→买一栋位于叶山的海景别墅，周末和

家人去别墅度假

　　开一家喜欢的小店→在日本开一家欧洲用品杂货店

家人、亲友等人际关系上：

　　全家出国旅游→与老婆女儿一同乘头等舱出国参观世界遗产

　　送爸妈礼物→请爸妈到夏威夷，与亲戚朋友为爸妈举办一个金婚仪式作为惊喜

　　下图是我最新的梦想清单，给大家献丑了。当我47岁实现了最初的梦想后，又以10年为期制订了新的梦想计划。忍痛筛选后，最终留下了这10个梦想。7年过去了，现在其中3个已经有了眉目，4个在努力实现中，剩下3个得加把劲了。

■ **梦想清单**

2020年までに実現する夢リスト

1. ▓▓▓▓ のペントハウスに住む
2. ▓ に別荘を持ち週末を過す
3. 家族とファーストクラスでヨーロッパを旅する
4. 娘が志望大学に合格し、海外留学する
5. ▓▓▓▓▓▓▓▓▓▓▓▓
6. 年収 ▓▓▓ を超える
7. 資産 ▓▓▓ を超える
8. ハワイコナのアイアンマンを完走する
9. 書籍を出版し10万部以上売る
10. 妻の趣味のお店を ▓▓▓ に開く

■ **梦想清单（译文）**

> 2020年前想要实现的梦想
>
> 1. 住到××的顶层豪华公寓
> 2. 在××买一栋别墅用于周末度假
> 3. 带家人乘坐头等舱周游欧洲
> 4. 女儿成功考入目标大学，前往国外留学
> 5. （作者模糊处理）
> 6. 年收入超过××
> 7. 资产超过××
> 8. 参加夏威夷Kona举办的夏威夷IRONMAN锦标赛，完成全程
> 9. 出书且销量达到10万本以上
> 10. 在××给老婆开一家她喜欢的店

制订未来年表（10年计划）

　　虽然制订了梦想清单已经算是基本大功告成，但为了确保能够尽可能接近梦想，我建议大家仿照我33年前写下的未来计划，也可以称之为未来年表，将实现梦想的过程

拆分为一个层层递进的过程。

可以给所有梦想都制订计划,也可以重点选择其中几个为其量身制订。我多年来已经很习惯于给梦想制订具体计划,因此不再需要专门制订未来年表,但衷心建议大家至少要尝试制订一次。

实现最终目标需要满足多方面条件。例如,想创建公司,就必须明确公司的商业模式、拓宽人脉,以及准备启动金。但制订未来年表并不是要让大家制订详细的行动计划。未来有太多不确定因素,制订跨越10年时间的详细计划并不现实,未来年表只需要体现实现最终目标的大致规划即可。

研究发现,制订计划时学生们即便只是粗略安排好时间、地点和方式,最终实现目标的概率也提高了40%之多。

请大家现在将实现最终目标的过程粗略拆分出来。

具体如何做呢?先找出一些重要节点,也就是里程碑性目标,再规划达成各个里程碑目标的时间点即可。里程碑之间是环环相扣的,不必强行一年一个,大家只需要将其安排到最为恰当的时间点,让整体可以串联为一个完整的规划即可。

这样说有些读者可能会觉得一头雾水。给大家举个例子，假设我们想要创建一家公司，10年后将公司发展成为一家拥有100名员工、年营业额50亿日元的上市公司。那么不仅仅需要选择商业模式、进行市场调查、研究国内外成功案例、筹措资金、招聘员工，还需要发展销售渠道、寻找合作伙伴、取名、选址……需要完成的事情多如牛毛。

但同时，未来也是变幻莫测的，10年时间沧海桑田，我们根本无法将所有细节全部列入计划中。

因此，现在只需要考虑10年后想要达成的最终目的，有哪些必不可少的里程碑性目标，比如，思考战略、创建公司、筹措资金、招兵买马、提高盈利……在目前可以预想到的范围内规划即可。

在规划过程中，或许大家会逐渐意识到做规划的好处：

1. 通过规划未来年表，我们可以预判风险，从而提前思考应对方法。

2. 如果完全找不到里程碑，那么侧面说明我们的梦想过于不切实际，最好重新寻找梦想。

规划好了所有里程碑目标的达成时间后，就可以在右侧设一个"达成情况"栏，定期或者年度评估进展情况。即使偶尔未能如期达成目标也决不要气馁，可以吸取经验教训，随时进行适当调整。其实，适当的调整反而能够让我们的10年未来年表更加贴近现实。

在后续第5步中我也将讲到，外部环境发生较大变化时，目标也可能会受到影响，这时我们也完全可以根据现状修正目标，及时纠偏对于实现最终目标来说，也是非常重要的一个动作。条条大路通罗马，通往梦想或目标的道路本就不止一条。

但大家同时也要谨记，==绝对不要修改最终目标的内容或达成时间==。计划10年后实现就是10年后，一分一秒都不能多，决不能重新开始计时。

最终期限就是如此重要。如果觉得其他期限更为妥当的话，一开始就应该考虑好。

==我想再次跟大家强调一下，这本书绝不是要教大家如何制订详细的计划==，而是要教大家如何通过写下梦想来明确自己的梦想，以及制定行动路线，==从而让大家能够迈出实现梦想的第一步。==

展望一年后的自己（年度计划）

接下来是年度计划。年度计划是实现10年计划的基础。

虽然年度计划往往与梦想有着剪不断的联系，但大家可不要误以为我这里让大家制订的年度计划就是梦想的年度计划。年度计划中完全可以有与梦想一点儿不沾边的短期计划，比如，今年营业额要达到多少，或是某些更加日常的目标，不必完全围绕梦想来制订。

每年年初，我都会在新一年的手账上回顾反思过去一年年度计划的达成情况，并在此基础上制订新一年的年度计划。一般会在工作、生活、健康、家庭这4个方面各设置2～3个计划，合计设置8～10个计划。

虽然不限数量，但计划过多的话会让人眼花缭乱找不到重点，往往导致计划半途而废。

制订年度计划时要表述得比梦想清单更为清晰。这里可以用我在工作中曾经使用过的"SMART（Specific，Measurable，Achievable，Realistic，Time）[1]"原则来帮助

---

[1] SMART原则有多种解释，日本国内普遍流传的解释为S=Specific、M=Measurable、A=Attainable、R=Relevant、T=Time-bound，与此处说法略有不同，详见58页。

■ 未来年表（10年计划）示例

	梦想	创建一家公司，10年后将公司发展为一家拥有100名员工、年营业额50亿日元的上市公司
	时间	2012年1月1日—2022年12月31日
年	年龄	里程碑　　　进展
2012	30	确定业务领域、商业模式
2013	31	发展人脉、研究案例
2014	32	确定公司概要（目的、公司名称、架构、选址等）
2015	33	筹措资金
2016	34	创立公司
2017	35	拥有10名员工，营业额达到5亿日元
2018	36	发展合作伙伴（5家）
2019	37	拥有50名员工，营业额达到25亿日元
2020	38	加入商会
2021	39	拥有100名员工，营业额达到50亿日元
2022	40	公司上市

截至2017年12月31日进展

反馈	评价（A/B/C）
思考业务领域及商业模式	B
确定业务领域、继续研究案例	A
确定公司概要（除选址）	B
完成选址、资金暂未到位	C
资金已到位、正在招聘员工	C
创立公司（7名员工、营业额2亿日元）	B

大家把年度计划表述得更为清晰具体。

> · Specific（具体的）
>
> 将目的表述得尽可能具体清晰。
>
> · Measurable（可衡量的）
>
> 设定可衡量每天/月度进展的数字等指标。
>
> · Achievable（可达到的）
>
> 设定能力范围内可以做到的上限为目标（短期）。
>
> · Realistic（现实的）
>
> 计划要切合实际，不要异想天开。
>
> · Time-bound（有时间期限）
>
> 虽然我们可以将计划的DDL都设置到年终，但肯定不是所有计划都需要一年时间来实现。例如，计划暑假带孩子去夏威夷旅游的话，夏天就完成了；计划送女朋友圣诞节礼物的话，12月前就要买好礼物了。即使没有特殊理由，我们也可以给自己设置完成期限，例如，6月前TOEIC（托业）达到600分，再倒推具体计划。

年底时，回顾今年的年度计划是否都完成了，没有完成的话找找原因，在此基础上重新制订新一年的年度计划。

即使有部分年度计划没有达标，大家也千万不要灰心丧气，我们可以继续将它们列入新一年的年度计划中。

只要过去一年间每天都有意识地想要达成计划，那么这一年就绝不是徒劳无功的。我们可以反思是否是因为年度计划目标过高、数量过多，还是有意外因素影响，吸取经验教训制订新一年的计划即可。

大家放轻松，把做年度计划看作"梦想"的热身运动即可。

再渺小的目标，只要我们能够按计划成功实现它，都会给我们带来自信、给人生带来不可估量的正面影响。

因此大家不需要过于纠结年度计划是否与"梦想"相关，只需要逐步积累完成计划的经验，甚至是积累失败的教训。

请牢记失败是成功之母。

我们的最终目标在10年后，把年度计划当作梦想的模拟演练即可。

工作：

- 晋升为部长，拥有至少10名下属
- 100%完成年度KPI，业绩较去年增长10%以上

爱好：

- 海钓钓到30公斤以上的鱼
- 通过红酒资格认证（白银级）

健康：

- 3小时内跑完夏威夷火奴鲁鲁（檀香山）铁人三项
- 坚持每周健身一次，瘦身20斤

家庭：

- 老婆生日时，带她坐商务舱去纽约旅行
- 翻新房子，举办家庭派对

■ 年度计划

　　　　　　年に実現する事（1年後の自分の姿）
1. 　　　　に昇進し、営業全体を統括する
2. ビジネス年間目標を100%達成する
3. 年収　　　　を超えて妻にご馳走する
4. 自己啓発の本を出版して本屋に山積みする
5. 娘が　　　大学に合格してお祝いを買いに行く
6. ホノルルトライアスロンを3時間切る
7. 妻に　　　　をプレゼントする
8. 完全禁煙して月の運動量を30%増加させる
9. ゴルフ80を切って、新しいクラブを買う
10. ワイン検定（ブロンズ）に合格してソムリエと話す

■ **年度计划（译文）**

×××× 年年度规划（1年后的自己）

1. 升任××，统筹销售业务。
2. 100%完成年度业绩指标。
3. 年收入达到××，请老婆吃大餐。
4. 出一本成长类书籍，让书店堆满我的书。
5. 女儿成功考上××大学，给她买份大礼。
6. 3小时内跑完夏威夷火奴鲁鲁（檀香山）铁人三项[①]。
7. 送老婆××。
8. 彻底戒烟，肺活量提升30%。
9. 100杆内打完一场高尔夫，买一支新球杆。
10. 通过红酒资格认证（青铜级），与专业侍酒师交流。

---

① 此处作者记忆有误，夏威夷的科纳（kona）才是铁人三项的举办城市。

第4步：激发动力

· 确定每天必做事项

通过前面几步，想必大家已经基本理清内心想法，找到明确的目标，开始迫不及待地想要行动起来了。手账对大家来说或许也已经从一个只是用来记录日程的工具，变成了实现梦想的重要伙伴。

那么，如何进一步调动自身的积极性从而付诸行动呢？接下来让我教大家制定每日必做事项清单。

现在请大家将所有有益于实现目标的事项列入每日必做清单中。

举个例子，想要"瘦身"，每天就预留时间来做一些简单的锻炼；想要提高英语能力，每天就可以多看看英文报纸……制定每日必做清单的时候要注意不要设置难度过高的事项，以免半途而废。<mark>选择一些快的话2~3分钟、慢的话也最多15分钟就可以完成的事项，并最好安排好完成时间（例如，起床后或睡觉前等）</mark>。制定完每日必做清单后，请大家将它写到手账的某一页上。

与年度计划一样，如果偶尔遇到特殊情况没有完成，不必过度纠结，可以将任务顺延到下一天。但制定每日必做清单时，最好提前评估可落地性。虽然我们最终目的在于实现梦想，因此肯定要安排一些与梦想相关的计划（比如，想成为同声传译员就每天学习英语），但除此之外的计划就可以从灵活度、任务量等角度来综合考量。

有些事项（例如，下文我自己清单中的某些事项）虽然乍看起来与梦想毫无关联，但其实也殊途同归。借助这些事项理清思路、锻炼身心，当然也有助于我们实现最终目标。

我近几年雷打不动的必做事项有以下5个（每年在此基础上会根据实际情况再增加1~2个）

冥想：早上上班前摒除杂念，感恩他人并思考梦想

锻炼：回家后健身（做3组俯卧撑、深蹲，最近还增加了核心力量锻炼）

> 奉献：日行一善
> 英语：每天下班路上听两个TED演讲
> 日记：睡前简单记录当天经历

其中，晚上记日记这个习惯我认为尤为重要。"吾日三省吾身"，我们可以借助日记来回顾总结当天经历，清零准备开启新的一天。我也非常推荐大家早上做冥想，一日之计在于晨，仅仅用十分钟，就可以让我们满怀感恩与期待之情从容地走出家门，而不是慌慌忙忙起床就冲出家门。

■ **每日必做清单**

■ 每日必做清单（译文）

> 每日必做清单（日课）
>
> 1. 冥想　　　每天早上用10分钟来感恩
> 2. 健身　　　锻炼肌肉、伸展运动
> 3. 奉献　　　日行一善
> 4. 英语　　　听2个TED演讲
> 5. 日记　　　记录当天经历

每天健身这个习惯我已经坚持了快30年，虽说不上风雨无阻，但基本只要还没累到精疲力竭，我都会坚持完成，即使半夜下班回家，或是聚餐喝得醉醺醺的。

只要每天都能坚持完成，那么即使偶尔粗心忘做，它们也会像刷牙一样成为我们潜移默化的习惯，甚至不做就觉得缺了点什么。这就算大功告成了。只要坚持一年，我们就会发现不仅生活焕然一新，梦想也会离自己越来越近。

· 记录个人手账

我希望现在大家手中的手账或白纸能成为专属于你的未来蓝图，承载大家内心所有心愿、想法。因此，接下来我想带大家在这张蓝图上开辟个人兴趣空间（爱好等），赋予它更特别的意义。

比如，我计划一年读50本书（1年52周，平均每周1本），那么每读完一本就可以把这本书的书名、作者、阅读日期写到手账上，甚至可以随手写几句书评。

看着读过的书一本本变多令人心情愉快，也方便我汇总读过的书籍及其内容，以及根据实际情况随时调整读书进度。

我还会把一些喜欢的句子摘抄下来，比如，谚语或一些意味深长的名人名言，每次翻阅时读到这些都让我热血沸腾。

■ 个人手账展示之读书50本，节选

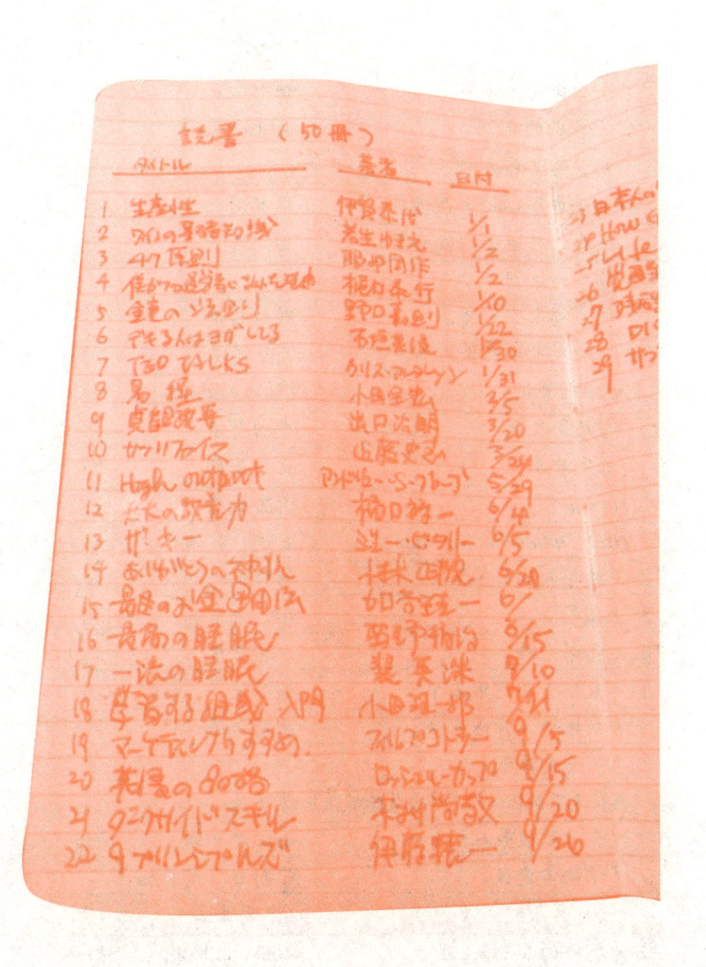

CHAPTER 2　实现梦想的5个步骤

■ **个人手账展示之读书50本，节选（译文）**

书名	作者	日期
1.《麦肯锡效率手册》	伊贺泰代	1/1
2.《红酒基础入门》	若生雪绘	1/2
3.《麦肯锡晋升法则：47个小原则创造大改变》	服部周作	1/2
4.《我是这样当上总裁的》	樋口泰行	1/10
5.《镜子的法则：实现幸福人生的魔法》	野口嘉则	1/22
6.《成功人士都在做瑜伽》	石垣英俊	1/30
7. TED TALKS	Chris Anderson	1/31
8.《易经》	小田全宏	2/5
9.《贞观政要》	出口治朗	3/20
10. Sacrifice	近藤史惠	3/24
11. High Output Management	安迪·格鲁夫	5/29
12.《成年人的修养》	樋口裕一	6/4
13.《秘密》	乔·维泰利	6/5
14.《感谢之神》	小林正观	6/20
15.《最强金钱运用法》	加谷珪一	6月
16.《斯坦福高效睡眠法》	西野精治	6/15
17.《一流的睡眠：再忙也有好状态的32个高效睡眠法》	裴英洙	7/10
18.《学习型组织入门》	小田理一郎	7/21
19.《市场学建议》	菲利普·科特勒 & 高冈浩三	9/5
20.《英语的品格》	Rochelle Kopp	9/15
21. Darkside Skill	木村尚敬	9/20
22.《爆裂：未来社会的9大生存原则》	伊藤穰一	9/24

■ 个人手账展示之好句摘抄

CHAPTER 2　实现梦想的5个步骤

■ 个人手账展示之好句摘抄（译文）

- 逆风，转过头来就成了顺风。
- 人生的天花板只有一个——自己设下的天花板。
- 改变有风险，但不改变更危险。
- 由于贫穷而一事无成的人，即使有钱也会一事无成。
- 如何让一个人变得可靠呢？唯一的方法是相信他。
- 商场上只有公平，没有平等。
- 不负期待，超出预期。
- 荷欧波诺波诺四句箴言：谢谢你、对不起、请原谅、我爱你。
- 己所不欲，勿施于人。
- 人生中最重要的不是知识，而是行动。
- 所谓习惯，就是基于确定的价值观在特定时间做特定事情。
- 三思而后行。
- 心有多大，舞台就有多大。
- Ego（自我价值感）大的人永远认为自己是正确的，Ego小的人善于改变自己并成长。
- 所有相遇都会让我们成长。
- 爱情就是永远一起走下去。
- 三面镜子：以自己的表情（情况）为镜、以史为镜、以他人意见为镜。
- 团队的上限取决于领导的能力。

■ 个人手账展示之铁人三项练习记录

CHAPTER 2　实现梦想的5个步骤　　073

■ 个人手账展示之铁人三项练习记录(译文)

游泳 40 min + 自行车 80 min + 跑步 50 min = 总计 170 min

铁人三项练习记录

练习日期	练习项目	练习场地	练习长度
1/1	跑步	多摩川	5 km
1/3	游泳	健身房	1 km
1/6	游泳	健身房	1 km
1/17	游泳	佐佐木	1 km
1/9	跑步	东京马拉松	42.195 km
1/22	游泳	健身房	1 km
1/26	游泳	健身房	1 km
2/4	自行车	涩谷Athlonia	/
2/5	跑步	健身房	5 km
2/5	游泳	同上	1 km
2/11	跑步	同上	10 km
2/11	游泳	同上	0.5 km
2/25	游泳	同上	1 km
2/28	游泳	同上	1 km
3/6	游泳	同上	0.5 km
3/8	游泳	洗町	0.5 km
3/10	游泳	健身房	1.0 km
3/14	游泳	健身房	1.2 km
3/18	自行车	奄美(6H)	67 km
3/18	游泳	同上	2 km
3/19	自行车	同上	12 km
3/19	游泳	同上	0.8 km (25 min)

喜欢艺术，就可以记录去过的美术馆，或是看过的电影、音乐剧；喜欢红酒，就可以记录喝过的红酒……最好也随手记录下当时的感受。

翻阅这些记录不仅能唤醒回忆，让我们回想起当时的心情感受，还能带给我们成就感。如果计划没完成，比如，计划读50本书，但只读了30本，还能够起到提醒我们加快进度的作用。

另外，我们往往喜欢展望未来，而忽视反思过去。为了自省，我最近还会反思自己需要改正的缺点，以及可以继续发扬的优点。继续发扬优点，有助于我们进一步加强长板，从而帮助我们成为理想中的自己。

同时，记录这些清单还可以充分调动我们的积极性。各位年轻人不知道，我那个年代做广播体操能拿到一枚出勤章，我当时每次看到后内心都会涌出一种第二天也一定要来做广播体操的冲动。同理，通过记录自己的行动并进行客观分析，个人页面会越来越充实，而我们也轻松愉快地养成了这些习惯，从而离梦想更近。

■ **个人手账展示之自省记录**

■ **个人手账展示之自省记录（译文）**

需要改正	继续保持
1. 迷茫	1. 永不言弃
2. 后悔	2. 正直
3. 急躁	3. 真诚
4. 自大	4. 坦率
5. 吹毛求疵	5. 感恩
6. 求全责备	6. 积极乐观
7. 吸烟	7. 自信
8. 完美主义	8. 信任
	9. 养生、健身

提前规划日程

或许有些读者会觉得现在梦想和计划都制订好了，总算大功告成了吧。但不努力就不可能有收获，实现梦想可没有那么简单。

每个人都有拖延症。明明计划明天完成，但临到关头总能找到一些理由来搪塞拖延，比如，临时有其他安排。

"明日复明日，明日何其多。我生待明日，万事成蹉跎。"如果放任不管，我们的一天会瞬间被各种事情塞满。如何保障有实现梦想的时间呢？我建议大家将to do（要做的事）提前写入日程表。例如，周二傍晚6时后的时间段用来去健身房游泳、周三早上7时后时间段用来上英语课、周五下午用来思考……提前安排一些固定的时间段用来执行计划，可以有效防止我们的计划被每天的琐碎日常所淹没。

如果想考证书或参加运动会，就算准备时间紧张，我也建议大家可以一鼓作气先报名，通过这种方式半强迫性地将这件事情提上日程。

而一旦提上日程，就等于有了完成期限，可以倒推一些行动了。比如，想拓宽公司外人脉，就可以提前在日程表中安排一些聚餐，或者直接报名参加一些相关交流会。

总之,绝对不能拖延逃避。我们经常会寒暄说有时间聚一聚,但往往会不了了之。所以真的想见面的话,一定要当场约好见面时间。

我一般用电脑管理工作日程,用手账安排马拉松大赛、游泳锻炼、音乐会等业余活动。即使再忙,我们也可以借助日程表让自己避免拖延犯懒,让工作生活张弛有度,从而鞭策自己不断进步。

■ 我的日程表

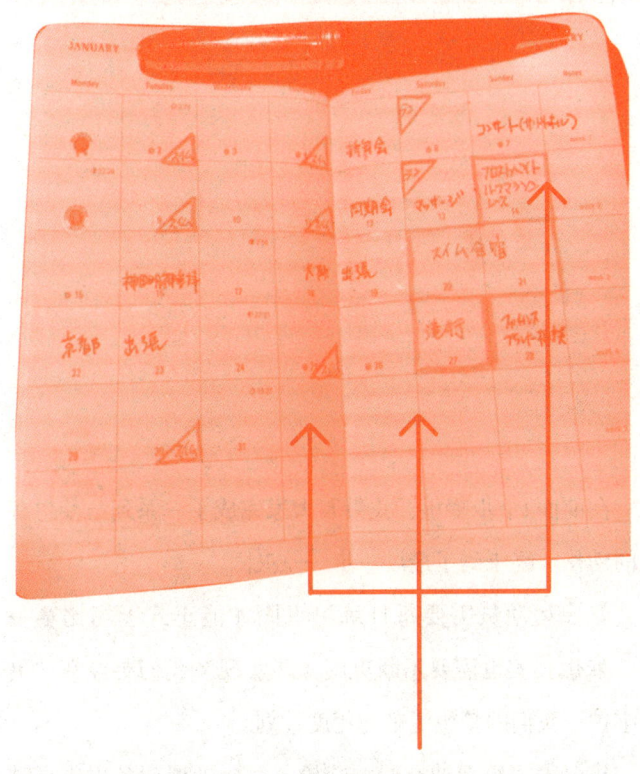

提前安排日程
（音乐会、锻炼、出席大会、参加合宿等）

CHAPTER 2　实现梦想的5个步骤

第5步：重温目标

每天回顾

在前面4个步骤里，我带着大家完成了一系列与梦想有关的动作。终于到了最后一步——巩固。

就像运动员需要每日练习巩固才能正式上场比赛一样，梦想其实也需要不断巩固才能实现。我们要经常"更新维护"我们的梦想清单与年度计划。

建议大家每天抽空回顾梦想／目标，展望梦想成真时的情形。最好选择晚上睡觉前或上班前这种比较放松的个人时间，退而求其次，也可以在一个人乘坐电车时或休息时进行。

如果辛辛苦苦制订完梦想清单与年度计划却只是将其

束之高阁，当然会竹篮打水一场空。我们需要通过反复在脑海中回顾目标，来将其深深植入潜意识中，从而让我们自然而然、下意识地朝着它前进。当然万事开头难，最初或许会难以找到状态，但习惯后就会成为下意识的行为了。世上无难事，只怕有心人。只要有恒心，任何人都可以做到。

最好每周都抽出一些时间来重温自己的梦想或目标。

不少人可能会仿照应试教育将年度计划拆分为季度计划、月度计划，甚至周计划。虽然这样拆分也未尝不可，但这种层层递进式的计划其实更适用于短期目标，而不适用于10年计划这样的长期计划，因为过于详细反而容易导致半途而废。

最为理想的状态其实是无为而治，顺其自然地朝着目标前进。那么，如何培养这种状态呢？我们需要每天重温写下的目标，借此将目标植入潜意识中。

举个例子，如果我们计划一年瘦身10公斤，将计划机械地密密麻麻拆分到每个月，甚至每天，每天执行计划是不是令人非常疲惫？反之，即使不事无巨细地制订计划，只要每天巩固加深印象，我们也自然而然就会行动起来。周末跑跑步，平时改走楼梯，早饭不吃面包改吃沙拉……完全不需要专门为之制订详细计划。

这是为什么呢？这是因为我们已经将减肥成功的画面深深植入潜意识中，做不利于减肥的事情时就会油然而生一种罪恶感，如此一来，可能不知不觉间就瘦身了2公斤。这就是秘诀。如果想要达到这种状态，大家也可以试试每天回想一下自己的目标。

同时，这也让我们得以在日课以外给自己思考梦想的时间。大家可以利用这段独立于日常工作与休闲娱乐之外的时间来总结一天的收获与不足，以及计划的进度。

我坚持每天早上冥想、晚上写日记。如果天天下班回到家就精疲力竭地倒头大睡，不给自己留一点儿独处思考的时间，那么何谈充电进步呢？连健身结束后都要做做拉伸练习放松一下肌肉，避免身体僵硬紧绷。大脑和心灵当然亦是如此，需要时间来适当放松。

·及时调整

最后，我要告诉大家的这一点或许会让你们觉得有些意外。我建议大家适时调整所有制订的计划，尤其是像未来年表这样的长期规划。除了10年后的最终目标外，其他计划都需要时时审视，及时调整。

能够按时完成计划是最好的，但现实往往没有那么一帆风顺。因为一两个小目标没有如期达成就因噎废食，就像航海时遇到风雨立刻改变目的地一样，那将永远无法到达终点。到达最终目的地前的航线，应该根据实际情况来灵活变更为当下最优选择。

但过于频繁地调整计划又会给我们自己带来负担，我建议大家每季度或每半年整体调整一次即可。

除了定期调整以外，如果有人力不可控的意外情况发生，大家也可以随时进行调整。"天有不测风云，人有旦夕祸福。"结婚、跳槽、生儿育女……尤其是天灾人祸，往往导致我们不得不调整过程中的一些计划，甚至可能灰心丧气，想要放弃梦想。但天无绝人之路，即使是这种时刻，也千万不要放弃最终目标，仅修改那些无法如期实现的小目标即可。

只要保持希望，不抛弃、不放弃，完全可以发挥人的主观能动性来继续努力实现目标。而且塞翁失马，焉知非福，挫折或许反而会成为我们成功路上的垫脚石。

年度计划因为仅为期一年，我建议大家尽量不要随意修改，最多在目标高到不切实际时适当降低即可。年度计划的意义终究是为实现梦想积累成功体验，因此只要别把它束之高阁即可。

另外，人生中难免会产生新的体会感悟，或受他人启发找到新的目标或梦想。希望大家可以灵活调整计划，追求新的自我。

CHAPTER

3

助你实现梦想的
几个习惯

写下梦想后到底该如何思考及行动呢？想要实现梦想到底需要什么样的思维方式呢？本章我将从我个人日常习惯中，挑选一些可能有助于实现梦想的习惯来分享给大家。

　　"千里之行，始于足下。"实现梦想的关键在于日常的一举一动，因此我们需要养成有助于实现梦想的习惯。俗话说习惯成自然，我从上大学开始，每天睡前都会在房间里健身，俯卧撑、腹肌撕裂、深蹲各50次。参加工作后，即使加班到半夜，或者聚餐后酒足饭饱，回到家里，我也要坚持做完，只要没有非常特殊的情况，都是风雨无阻。我凭着健身这一习惯，体脂率一直保持在5%以内。

　　养成习惯的诀窍是什么呢？那就是仅选择计划中

70%~80%的内容养成习惯，并安排好这些习惯的时间段。有些习惯容易养成，有些则很难。不受个人喜好影响的行为，如写日记、读书、收拾、学习等最容易养成习惯，这些往往坚持一个月就可以形成习惯。节食、早起、戒烟、运动等涉及人类生理层面的行为，则往往需要3个月时间来养成习惯。思维习惯就更是难上加难了。比如，悲观的人想变得乐观，感性的人想变得理性，这些与个人思维方式相关的习惯，至少需要半年时间来培养。

下面我来给大家讲讲我自己的一些习惯，希望借此机会抛砖引玉，帮助大家找到最为适合自己的习惯。

"只要功夫深，铁杵磨成针。"坚持就是力量，只要坚持，每个人都能蜕变。习惯是每个人实现梦想时最简单也最有效的武器。

写日记

我每天睡前都会坚持写日记。无论是一天的经历，还是自己的所做所思，只需要一页纸一支笔，任何人都可以写。现在不少人喜欢用各种App、博客或脸书等来写日记，但我20多年来一直坚持用纸质日记本。其中，我最喜欢的是3年日记本。

3年日记本是指可以记录3年时间的日记，甚至可以将这3年同一天的日记记录在同一页的同一栏中的日记本。

查阅任何一天日记上的文字，就能看到我们去年的今天在做什么。一年时间稍纵即逝，其实我们往往很难记得一年前的事情，而翻阅3年日记，或许会让我们回忆起去年今日的辛酸，也或许会发现这一年间的成长与蜕变。

坚持写日记几十年后，我有了几点心得体会。我们能够借助日记来整理被日常琐事淹没的大脑。

回顾并记录一天的酸甜苦辣，可以让我们重新客观冷静地看待自己，比如，今天自己为什么心情不好，为什么和朋友起了争执。而理清大脑非常有助于我们缓解压力、保持积极乐观的心态，让我们可以重整行囊，启程前往下一个目标。

3年日记的优点在于可以让我们明确看到这一年时间自己的成长和心路历程。当我们遭遇困难挫折时，又能提醒我们思考，这个烦恼放在一年后是否还值得一提，而答案往往是否定的。

日记并不需要每天任务式打卡，也不需要长篇大论，简简单单三两句话记录一下当天的经历即可。但我建议大家写日记时最好补充上当天的心情等细节，以便后续回忆。

我唯一坚持的原则是尽量采取正面表述。

如果用消极的表述来记录，那么随着书写这一过程我们的负面情绪会越发膨胀，从而烙印于脑海中。反之，即使遇到挫折，如果用积极乐观的态度来记录，那么大脑就会受到良性刺激，心情自然雨过天晴。尤其是睡前，给大脑积极良性的刺激有助于我们平稳心态，从而提高睡眠质量。每天只需要两三分钟，希望大家也能从今天开始养成写日记的习惯。

■ 我的日记

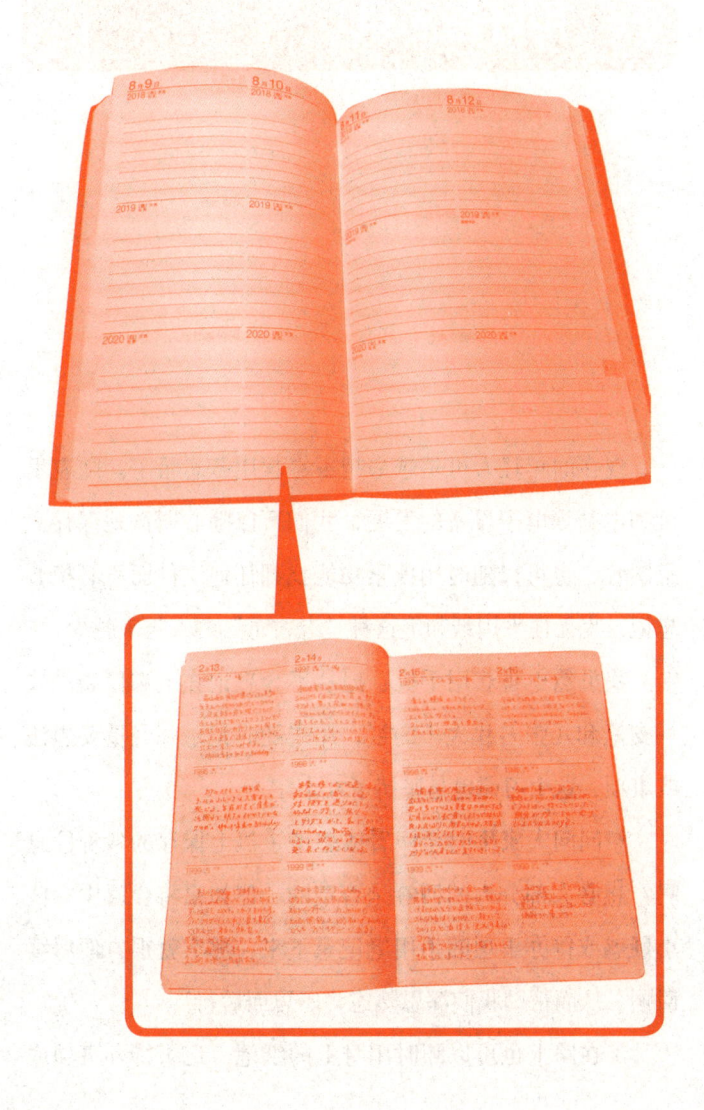

用好备忘录

现在的年轻人可是越来越不喜欢用备忘录了。随着手机和电脑等电子设备的发展，我们可以随心所欲地保存大量图片，也可以随时用搜索功能找到任何文件而不必担心忘记，也无怪乎用纸和笔这种"老古董"的人越来越少。

我虽然也喜欢用手机，但从不会忘记在上衣口袋里放一支笔和几张名片大小的纸，用来随时记录一些重要想法或事项，这个习惯也是坚持了几十年。

想问问大家平时会回看或思考手机上保存的各种信息吗？想必大部分人的回答是否定的。但如果将会议中一些小疑惑或待办事项随手用笔记录下来，那么就很方便后续回顾，从而帮助我们深思熟虑，三思而后行。

走在路上也可以随时用身上的纸笔，记录待办事项或是昙花一现的灵感。俗话说："好记性不如烂笔头。"不及时记录下来的话，很多想法往往很快就会被抛诸脑后。

记录又分输入与输出两种类型。会议纪要与会议备忘录这种属于输入型，不仅有备忘作用，会议上认真倾听并记录笔记往往能够给其他人留下靠谱、踏实的好印象；更为重要的是输出型记录，也就是说记录心得体会、疑问与灵感等思考与计划。

记录能够帮助我们记下脑海中迸发出的灵感或触动心弦的细节，在回看时帮助我们回想起记录的动机，从而重新思考或付诸行动。不记下来的话，即使当下某个瞬间觉得非常重要，但往往过段时间就再也回想不起来了。虽说记在笔记本上也未尝不可，但笔记本不便于随身携带，因此不适合记录碎片化信息，并不适合用于这一情景，可能反而让我们错失及时回顾思考的良机。

记录的关键在于想到时就立刻记下。因此，我建议大家可以准备一些刚才所提到的便携工具。另外，最好坚持月度汇总回顾一次，这样加上最初记录与当天回看，相当于在大脑中一共过了三次，可以有效帮助我们在日常生活中发现更多相关信息与灵感，以及提炼出重点事项。

希望大家也都务必体验一下记录的神奇效果。

■ **我的备忘录**

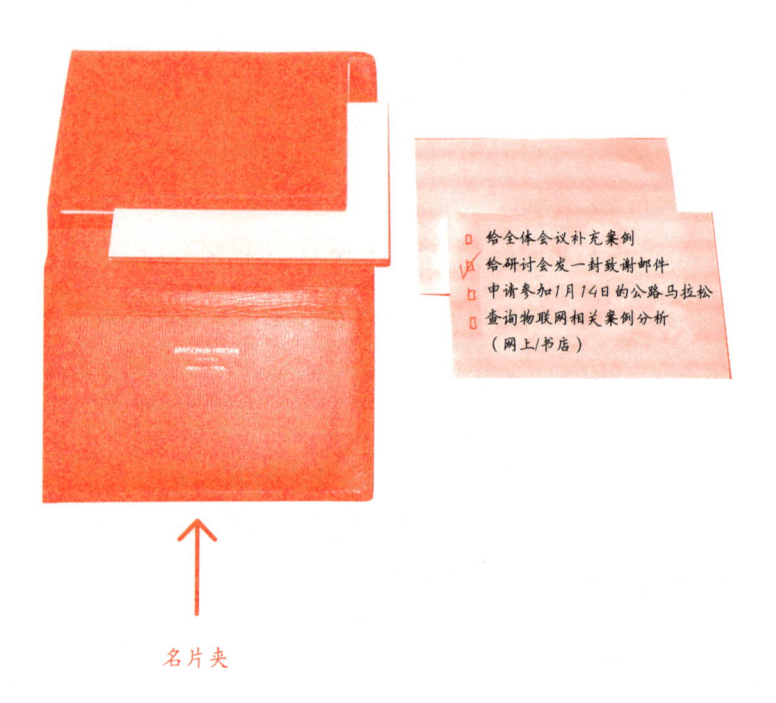

- ☐ 给全体会议补充案例
- ☑ 给研讨会发一封致谢邮件
- ☐ 申请参加1月14日的公路马拉松
- ☐ 查询物联网相关案例分析（网上/书店）

↑ 名片夹

每天保证半小时

"千里之行，始于足下。"再美好的目标，没有行动都是一纸空谈。

尤其越为长远的目标越容易因为紧急度不高而被生活琐事"淹没"，任凭时间流逝，目标却迟迟没有进展。

比如，学习外语，虽说如今国际化是所有企业的大趋势，但因为日常工作很少用到，我们往往很难做到每天坚持学习。如果有留学或者外派这样明确的目标当然是最好的，但现实往往是骨感的。如何才能有一个良好的开端呢？

只有一个好办法，那就是==下定决心保证每天用30分钟来做这件事情。==

上班前、电车上、午餐时间、晚饭前、睡前、任何时候都可以。尽量选择一个固定时间段，从自己的时间中抽出30分钟时间来落实计划即可。仅凭热情往往会3分钟热度，但其实仅需要每天30分钟就能养成一个习惯。

我现在每天会分别用30分钟来做两件事情。一是每天早上上班路上用30分钟时间听最新的TED演讲，保持英语水平的同时，让自己了解时事及最新观点；二是晚上睡前用30分钟来健身。这两个30分钟对我来说，是实现事业梦想与个人梦想所必需的30分钟。

"我生待明日，万事成蹉跎。"如果树立了长期目标，却不愿为之付出任何时间，就只能任凭时间流逝而一事无成，最后白白失去进步的机会。

"九层之台，起于累土；千里之行，始于足下。"不行动就没有结果，反之即使是再不起眼的努力，日积月累也能逐渐带给我们成就感与自信。因此，大家务必要明确对自己来说最为重要的目标是什么，从而根据优先级每天预留至少30分钟来实现目标，而且最好将其记录于手账上。这个时候就要看重要性而不是紧急度。

毕竟如果"紧急且必要"，那么所有人都会立刻着手去做这件事情。

<u>往往最重要的行动最容易被日常琐事所"淹没"，而成功的关键就在于我们如何管理时间。</u>

走出舒适区

任何人想要走出千辛万苦建立的舒适区时，都需要勇气。舒适区让我们仅仅为了维持生活一成不变而活着，但如今任何事物都不可能一成不变。

当今社会发展之快可谓日新月异。大概30年前，因为工作需要，我有了第一部手机，那是一部像固定电话话筒一样大的"大哥大"，每天只能放在包里拎着走。中间经过了十年时间，翻盖手机才逐渐得到普及。当我2003年结束为期两年的外派生活回国后，惊讶地发现才两年时间，电车上大家几乎都已经在用手机发短信了。

如今，更是几乎人手一部智能手机，不要说发短信和上网，拍照和电子支付也只是小菜一碟，无怪乎公共电话在短短几年时间里就销声匿迹了。

==世界发展飞快,在这个时代下想要保持工作或自身一成不变是不可能的。==

我们该如何应对变化呢?那就是寻找变化。除了公司同事,偶尔见见其他朋友,周末参加运动或兴趣活动,结交一些新的朋友,积极捕捉变化。

有说法认为,10年后《财富》世界500强排行榜中50%的企业都将被取代。企业间竞争与时代变迁都在要求企业做出改变,而观察那些能够在排行榜中存活下来的大企业,很容易发现它们的业务其实都有了较大转型。再盛极一时的大企业如果只是躺在过去的功劳簿上,也只会日渐式微。

我曾任职过的IBM,20世纪90年代就曾遭受过经营危机。那是我进入公司第5—6年,日本正处于"泡沫经济"的前夜。被誉为IT行业巨头的IBM当时未能在IBM大型机(早期的IBM计算机)创下辉煌成绩后及时改革自身业务,导致其被微软旗下电脑及软件业务冲击,竟出现了高达50亿美元的经营赤字,到了生死存亡之际。

当时IBM做了一个决定,首次聘用外部人员路易斯·郭士纳担任CEO,并进行了企业内部大改革。路易斯·郭士纳所著《谁说大象不能跳舞?》(*Who Says Elephants Can't Dance?*)一书中记录了一部分当时经过。他原是美国雷诺兹-纳贝斯克(RJR Nabisco)食品公司的

CEO，陡然进入与食品毫不相干的IT行业，却成功带领IBM完成了从电脑硬件业务到提供解决方案与服务的解决方案型经营模式的业务转型。仅用5年时间就让IBM盈利增长了60亿美元，让IBM浴火重生。我在外派IBM纽约本部工作时，曾有幸见过几次路易斯·郭士纳本人，他非常有气场。我当时作为IBM一员，深深感受到的是：即使是一个坐拥40万员工的跨国企业，如果故步自封，也会自取灭亡。

让企业价值与企业文化与时俱进是企业高层一大职责。如果大家都躺在过去的功劳簿上一成不变，那么社会无疑会走下坡路。人也是一样，如果做的事情千篇一律，那么终有一天会跟不上时代，所以走出自己的舒适区吧！

虽然改变会带来风险，但一成不变更为危险。没有改变与风险，也就没有成功。

活在当下

有些人会一直沉溺于过去的失败中不能自拔，有些人做了决定后一味犹豫不决，瞻前顾后担忧决定是否正确。但做决定的时候谁能预测决定是否正确呢？所以，与其说结果取决于决定，不如说取决于下决定后的行动。

7年前，我决定告别工作了24年的IBM，进入一家新的公司担任董事。那时刚过了按计划实现梦想的45岁，而我即将于下一年担任IBM的董事一职。梦想终于近在咫尺，我却突然开始烦恼自己是否要这样走下去。当然并不是因为对IBM有任何不满。我由衷感激给予了平凡的我成长锻炼机会的IBM。但到了45岁这个年纪，未来在这家公司的职业发展基本已经是一眼望到底了。虽然这也是我曾经梦寐以求的发展，但一想到未来15年自己要继续在同一个领域工作下去，就恍然觉得很难再找到下一个梦想，找到下一个能够激励我进一步鞭策自己成长的追求。现在回想起来真有些"身在福中不知福"，但我当时还是义无反顾地走上了新的人生道路。

当然也重新制订了一个10年计划。

理想是丰满的，现实是骨感的。虽然跳槽时胸有成竹，坚信自己能做出一番更大的事业，但现实给我好好上了一课。业绩垫底，经验常识"水土不服"，企业文化不同，无法建立与同事间的信任，产品在市场中认知度不高……种种挫折差点儿让我一蹶不振。说实话，让我品尝到了失败和后悔的滋味，不禁有些后悔为何要放弃人人欣羡的坦途，犯下如此无法挽回的错误。

直至今日，只要我路过当时走过的街道，都会立刻回想起那时的辛酸。但那时我所能做的只有坚定地向前看，走下去。不回头、不止步、不变道，只专心做好当下能做的事情。

如果当时就一蹶不振，放弃跳槽时树立的梦想，那么最终只会一事无成，跳槽也会成为一个彻彻底底的错误决定。但不知为何，我内心某处一直坚信自己能够成功。怀着对跳槽时树立的目标尚存的一丝希望，我还是坚持走了下去。功夫不负有心人，虽然历经坎坷，但我的业绩一年后成功实现了触底反弹，两年后我又成功带领惠普日本摘下了"年度业绩增长最多的分公司"这一桂冠。从结果来看，我的跳槽可以说是成功的。

当然，成功绝不是靠我一个人的力量，但这件事情教给我一个道理，抉择本身不存在对错，一个决定是否正确只取决于决定后的行动。无论当下情况如何，无论目前进展如何，以及过去判断如何，当下与未来的行动才是改变事情成败的关键。而无论是对过去的后悔还是对未来的担忧都毫无意义，只会影响我们的判断。

人永远只需要活在当下，一旦树立了远大目标，就可以暂时忘记过去与未来。珍惜有限的时间，珍惜当下的每一分每一秒，不要满脑子想着梦想计划或目标，尽力而为才是最为重要的。

先改变自己

总有些人喜欢对其他人评头论足，强制他人改变行动、态度或想法。他们总认为错的是别人。比如，有些人喜欢嚷嚷现在的年轻人都不好好打招呼，但越是这样的人其实越自视甚高，不愿意"屈尊"主动跟别人打招呼。

想必这些人也都有自己的一套逻辑。江山易改，本性难移，单方面强制他人做出改变是不太现实的。每个人的态度或行为背后都有自己的一套自洽的内在逻辑，对其一无所知的情况下，单方面要求他人改变往往只能碰一鼻子灰。严于律己、宽以待人，想要让他人改变的话就要先改变自己。例如，想让对方跟自己问好，那自己先开始问好。我们无法掌控他人的情绪，但可以掌控自己的行为与情绪。

如果我们厌恶某个人，那么对方很可能同样厌恶我们。但如果我们表达出善意，那么对方多少也会抱有一些善意。有些人会抱怨别人讨厌自己，跟对方完全处不来，但反过来想想，说不定是我们自己在主动避免与对方接触呢？

<u>他人是一面镜子，反照出的是我们自己。</u>因此，关键在于先改变自己的态度与行为。如此一来，对方自然也会有所改变。

我有个下属曾经遇到过一个非常棘手的客户，来跟我吐槽跟这位部长沟通对接实在是太难了。我当时给了他一个建议，让他尽最大努力挖掘出这个人的优点并写下来。他虽然非常为难，但还是绞尽脑汁写下了三个优点："表扬我的时候面露笑容""体贴下属""工作认真负责"。然后我建议他每天早上先看看这三个优点再对接这个客户。

不久后，他来跟我说："这位部长工作态度真的没得讲，也确实很辛苦，我现在心态逐渐变了，开始想尽量能够帮到他。"随着他的态度发生转变，听说对方的态度也有所软化，他的逃避心理自然而然随之消失了。

"己所不欲，勿施于人。"想要求对方，就要先扪心自问自己是否做到了。大多数时候我也是这么要求自己的。

想让对方喜欢自己,就要先喜欢对方;想让对方道歉,就要自己先道歉。我们很难改变对方,但我们可以改变自己的态度和行为,从而带动他人改变。不争一时长短,先改变自己,你会发现人际关系再也不是一个难题。

相信自己是幸运的

我是一个"晴男"①。打高尔夫球很少遇到下雨天。有时候明明下着大雨，只要我一到球场，天就突然放晴；有时候刚打完第18洞（高尔夫全场），立刻就开始下雨，我可谓是晴男本男。我也坚信自己是晴男。

我曾跟某位大学老师聊起过这件事，据他说每个人遇到晴天和雨天的概率其实是一样的，之所以有些人会认为自己是"晴男"或"晴女"，其实只是选择性忽略了那些雨天而已。虽然科学上来讲或许确实如此，但我至今都只记得这些小幸运，说不定确实是我比较走运呢？

---

① 形容某个人走到哪里都是晴天。

常言道，相信自己是幸运的，就真的会变幸运。我坚信这世上没有比我更幸运的人了：有一份能带给我成就感的工作，有一群亲密无间的亲朋好友，身体健康，大病小灾一概没有。能够尽情享受工作与运动的快乐，这是何等的幸运。

其实，我是从某个时刻才开始选择让自己坚信"我是一个幸运的人"的，依稀记得那是大学时候。我因为从小患有哮喘，家境也并不宽裕，曾有一段时间常常怨天尤人，觉得自己的人生何其不幸。当突然幸运地考上了梦寐以求的大学，又接二连三走了好运，我恍然发现运气好坏或许并不是天生的，而是取决于自己的心境，只要坚信自己是一个幸运儿，就会真的变得好运。从那之后我就一直有意识地这么做。

无论是中了3000日元的小彩票，还是正好赶上了急行电车，任何小确幸都值得感恩，值得让我们告诉自己今天一定很走运。

奇妙的是，即使遇到同样一件事情，人类看待事情的角度也是因人而异的。例如，看到杯子里有半杯水时，乐观的人会开心于竟然还有半杯水，而悲观的人却会哀叹怎么只剩下半杯了。看待问题的不同方式会带来

<u>截然不同的发展与结果。</u>

比如，电梯里被人问到最近怎么样的时候，有些人习惯于吐槽"糟透了"，而我无论何时都会乐观地回复"一切顺利"。自己也会逐渐相信确实一切顺利。也就是说，运气好坏其实取决于自己的看待方式。

希望大家也能从今天开始相信自己是幸运的。相信大家也一定会交上好运。

一屋不扫，何以扫天下

我的书桌每天晚上睡前一定会被收拾得干干净净。书桌的三个抽屉里各自收了什么东西我也了如指掌。

所以我从来不需要找东西。每当我从公司给家里打电话，胸有成竹地让老婆从右边第二个抽屉的左后方取出东西时，都会让她感觉惊讶。我其实并没有花费太多心力在整理上，只有及时丢掉没用的东西，以及将物品尽量放在固定位置上两个诀窍。

我每天都一定会整理的是钱包。有些人钱包总是装得鼓鼓囊囊的，塞满了小票或一年都可能用不上一次的卡。不仅不够整洁美观，更是缺乏对钱所必要的尊重。我个人工作日一般用长款钱夹和零钱包，周末则用带零钱夹层的折叠款钱包。长款钱夹厚度永远保持在5毫米以内，卡片只放一张信用卡和一张用来取钱的储蓄卡，每天晚上及时丢掉用不着的小票收据，整整齐齐"头朝下"①放好必要的现金，让自己可以清清爽爽地迎接下一个清晨。

保持个人物品井井有条，能让我们的大脑和心灵也保持良好循环，有条不紊。

我发现善于整理的人，往往组织语言时条理也会比较清晰。为什么这样说呢？因为整理物品和整理思路是有共通之处的。用完东西后立刻将之放回原位而不随手乱丢是为高效；迅速评估优先级果断取舍是为判断力；舍弃掉不必要的东西而不优柔寡断是为果断；全面均衡考虑是为大局观。每一点不都同样适用于我们的人生和工作吗？

大家听说过"断舍离"吗？它出自日本杂物管理咨询师山下英子的《断舍离》，她在书中解释"所谓'断舍离'，是指通过整理杂物来了解自我，整理内心，从而给人生减负"。我认为"断舍离"是指一种无欲无求的心理状态，降低物欲，舍弃掉那些不必需的、无用的东西。

在这个物欲横流的时代，仅留下那些精心挑选的有

---

① 指纸币上的人物头像朝下，这是作者让钱只进不出的小魔法。

价值的物品，生活在一个清爽整洁的环境中，不仅令人心情舒畅，还能帮助我们整理自身，给我们带来精神上的满足感。

一屋不扫，何以扫天下。我们要学着摆脱物欲、让自己摆脱物质的束缚，只根据其对自己来说是否必要或适合来进行取舍，保持工作及生活环境的清爽整洁，从而不再让杂物浪费我们的时间和空间，也让我们能够从容地专注于做对于自己来说真正重要的事情。

精心穿搭，取悦自己

我从不放松对自己着装的要求。西服和衬衫只穿特定牌子、完全合身的。衬衫袖口要法式双叠样式，西装外套袖口要活扣且解开第一颗纽扣，裤子下摆宽度17厘米，裤脚挽上来4.5厘米。

中筒袜、亚麻手帕、领带与皮鞋根据当天西装颜色搭配。手表也一定根据当天日程与服装精心挑选搭配。衬衫要干洗得整洁挺括，西装裤则是每天早上我自己在熨衣台上仔仔细细熨好。

这些细节都是我向常年打交道的精选店店员逐渐学习，并挑选出来的一套适合自己的标准。说好听点是"讲究"，反之也可以说"穷讲究"。

精心穿搭并不是为了取悦任何人，而是为了取悦自己、提升自信。找到适合的穿搭，可以打造出自己的个人品牌。

第一，整洁比身材更为重要。品位固然重要，但想要给人留下好的第一印象，一个清爽整洁的外表是不可或缺的。每天都要坚持熨衣服、整理衣柜，及时处理衣服上的脏污或磨损。毕竟再高级的衬衫，领口和袖子脏污磨损的话也就白瞎了。

第二，衣服一定要合身。很多人喜欢大一个尺码的衣服，觉得小了穿着拘束，大一码更为宽松舒适，但其实合适的尺寸比你想象中的更为重要。例如，西装的袖子和下摆短一点会让你显得干练利落，合身的衣服能让你的体态看起来更为良好，而良好的体态能够有效提升自身的整体形象。

第三，如果要问仪表最重要的部分，那就是鞋子。无论衣服多么寒碜，打扮多么不修边幅，只要穿着一双高级且精心保养过的皮鞋，就能给人一种精致感，反过来，如果穿一双鞋底磨损、疏于保养的皮鞋，那么西装再高级也无济于事。

这一点放之四海而皆准，不信可以看看高管的皮鞋，哪一双不是锃光瓦亮的。我常备有十双左右的皮鞋，轮换着穿，每天穿同一双鞋容易磨损，而交替穿则能大大延长鞋子的寿命。另外，不穿时可以给鞋子放上鞋撑以保持形状，每两三个月还可以整体检查更换一下鞋底以避免鞋底磨损。这些都是延长皮鞋寿命的小秘诀。

保养上也有几点小心得可以分享给大家。虽然有些读者的皮鞋可能是老婆在代为保养，但我不得不说自己亲手给皮鞋上油真的是一大乐趣。先用清洁剂擦拭掉鞋子上的污渍，涂上皮革专用鞋乳，再涂上适合皮鞋颜色的鞋油，轻柔地涂抹均匀，并用布擦拭掉多余的鞋油。最后打上鞋蜡给皮鞋抛光，再用毛刷整理一下就大功告成了。步骤看起来或许有些烦琐，但上手后一两分钟就可以保养好一双。

每到周末，我都会跟陪伴我一周的皮鞋道声"辛苦了"，轻柔细致地打理好每一双皮鞋。同时也给自己鼓鼓劲："下周继续加油。"多亏了精心保养，我这些5年以上的老伙伴，每一双都像是上周才买来的一样崭新发亮，精神饱满。

皮鞋可以陪伴我们很久，而且与西装、衬衫不同，一分价钱一分货，价格会诚实地反映在皮鞋的外表与质量上，因此我建议皮鞋可以尽量买贵一些的。

这些仪表上的细节或许看起来无足轻重，但在我心中是非常重要的一环。

　　再说句题外话，穿搭与身材或金钱无关。只要关注自己的仪容仪表，一定能找到最适合自己的穿搭。

CHAPTER

4

为了实现梦想而
坚持的几件事

10倍努力，2倍产出

我以应届生身份进入IBM后的17年时间里，一直作为销售人员活跃于一线。那个时期，平均每天睡眠时间可能只有3个小时，甚至曾经还有人说："中川其实有3个人，三班倒，24小时营业。"

埋头工作的这些年，为了实现人生梦想和目标，我定下了几点原则，接下来就跟大家讲讲这几个原则。

坦白讲，刚进公司时我就觉得自己没什么出挑的天赋和能力，只有体力、忍耐力与好胜心这几点勉强值得一提，所以就下定决心：至少干劲和体力上一定不能输给其他人。

笨鸟先飞，如果付出常人2倍努力拿不出2倍产出，那付出10倍努力，总能做到2倍产出吧。如此下定决心后，忙碌变成了乐事，就算比别人多干再多的活，我也不觉得是吃亏。

正是"45岁当上董事"这个信念，让我觉得为之付出再多都是理所当然的。

如今的年轻人似乎喜欢抱怨为什么同工不同酬，或者为什么自己总是那个最辛苦的人等。其实大可不必这样，能者多劳，比别人做得多并不意味着吃亏。为什么不想想这是他人的信赖，是成长的机会，也是别人可遇不可求的机遇呢？

当然，我并不是建议大家跟我一样工作到凌晨两三点。高效完成工作才是万全之策。

但吃得苦中苦，方为人上人。想要实现远大梦想，就要有相应的觉悟与虚心的态度。

成功不只需要能力、运气与机遇，还需要110%的努力。即使做出了不错的成绩，也可以鞭策自己再接再厉，因为努力不仅可以提升成功的把握，也可以提升我们的自信。每个人人生30%以上的时间都在工作，那么为何不去享受工作呢？最好把工作看作人生意义或乐趣。

虽然最近日本很流行"work-life balance"（平衡工作与生活）这个概念，但年轻时与其考虑工作与生活间的平衡，不是更应该趁年轻奋斗拼搏一把吗？

宁做凤尾，不做鸡头

常言道："宁做鸡头，不做凤尾。"

宁愿做小企业的话事人，也不做大企业的底层员工，听起来似乎也有几分道理。

但这句话是建立在一直做底层员工这个前提下的。常言也道："近朱者赤，近墨者黑。"与优秀的人共事自己也会得到提升。人类是一种易于受环境影响的生物，如果想要挑战人生更多可能性，那么就要有相应的决心与勇气，让自己去一个优秀的环境中提升自我，从凤尾蜕变为凤头。

我的人生也是在不断重复这一过程。比如，刚进入大学时，周围都是从重点中学厮杀出围的受过优质教育的人才，勉强考上的我与这些来自五湖四海的精英相比黯然失色。但通过慢慢积累经验，我也逐渐迎头赶上了。

又比如，进入IBM。IBM公司人才济济，一流大学本科生、研究生多如牛毛。而我作为一个私立大学毕业的应届毕业生，实在是不值一提。但也正因为如此，我决定付出10倍努力来崭露头角，事实上也确实成功地比同批入职的同事更早拿到了更好的机会。

这个道理不仅仅适用于工作学习。如果平时很少去高档饭店、剧院或派对等场合，一旦到这种场合难免会不知所措吧？看着周围优雅的人谈笑风生，而自己却格格不入。如果真的向往这样的场合，我建议逼自己尝试一下，万事开头难，即使一开始手足无措，逐渐也会变得如鱼得水。

似乎时下人们更倾向于知难而退，而不是迎难而上。但选择环境时万万不可如此。面临人生抉择时，我建议大家要敢于选择竞争激烈的环境来提升自我，而不要放任自己进入轻松舒适的环境中。

宁做凤尾，不做鸡头，请大家以成为凤首为目标，尽可能挑战自己的可能性。

最大的竞争对手是自己

　　最近日本社会也逐渐不再流行论资排辈了,越来越多的公司开始信奉实力主义。

　　我一直在外企工作,外企某种意义上讲都是推崇实力至上的。但并不是有实力就一定可以成功。天时、地利、人和,甚至运气,各种各样的因素都有可能影响到最终结果,因此实力并不是成功的通行证。

　　有些人会抱怨,明明自己更有能力,为什么成功的却是别人,太不合理。与同批进入公司的人或竞争对手比来比去并不明智。月亮总是别家圆,而且外界评价也是随着时代不断变化的。

　　天天盯着他人并不能提升自身实力,在凭实力说话的地方,提升实力才是根本。因此不需要和别人比,只需要跟自己比，看看自己每天是否有成长进步。

遗憾的是，努力与回报并不成正比，有些时候甚至可能付出再多努力也是徒劳的，可放弃努力只会前功尽弃，让所有努力白白打水漂。

如果在瓶颈期也继续坚持努力，某个瞬间你或许会发现实力突然有了一个质的飞跃。努力终将有回报，不仅在工作上，运动、兴趣爱好上亦是如此。最大的竞争对手是昨天的自己。每天都比昨天的自己进步一点点，就能走向成功。

把所有人当作客户

人们常说："客户是上帝。"我们又如何对待客户以外的人呢？有些人只对客户有求必应，对同事就敷衍了事。单枪匹马是无法完成工作的，必须与各部门同事或小伙伴们打配合。如果把别人的付出或帮助都当作理所当然的，那么只能落得个孤立无援的下场。

而我把所有人都当作客户，当作"上帝"。这种心态下拜托他人做事时态度自然会更为温和，即使别人无法回应我的期待也不至于大动肝火，结果超出期待值反而会觉得惊喜感恩。

如此一来，周围人不仅会更为乐于与我共事，也会更愿意主动伸出援手。这一点不仅适用于同事之间，也适用于上下级之间。

如果认为下属就该为自己打工，最后只会变成孤家寡人。职级越高，越要认识到周围人的付出并不是理所应当的，这样才能营造出良好的工作氛围。

说到这里，大家或许会觉得这一点只适用于职场上，其实与亲朋好友相处亦是如此。有些已婚男士或许觉得做家庭主妇的老婆每天辛辛苦苦准备三餐是理所当然的，只是在履行家庭义务。如果是别人甚至是客户来为你做这些事情，你会有什么感受呢？想必会感激涕零吧！建议大家也可以用这种心态来对待老婆，想必老婆对你的态度也一定会有所改变。

赠人玫瑰，手有余香。把除自己以外的所有人都当作客户来对待吧，相信这种心态一定可以让大家变得更加幸福。

比"拼命"更拼

每个人都在拼命工作。

我时常反思自己是否有做到比"拼命"更拼。听说松下电器创始人松下幸之助在公司因经济不景气而出现赤字时,曾质问松下相关销售公司以及分销商的社长们:"大家都说非常辛苦,那么有累到尿血吗?"①想必他就是为了告诫大家,不要轻易觉得自己已经够辛苦了。

我偶尔也会问问下属:"假如明天再签不下这个单你的亲人就会因此去世,你还能淡定地坐在这里一动不动吗?"我也有一个女儿,所以年轻时经常通过这样自问自

---

① 松下幸之助曾因为担心经营上的问题而尿血。

答来鞭策自己。

如果真的陷入这种困境，想必所有人都会拼命行动起来，哪怕要闯入客户的豪宅也在所不惜。当然我不会要求下属真的这样做，只是希望借此假设来提醒大家重视问题、摆正态度，想尽一切办法行动起来。健身时，比努力再努力一点儿，未来就能给你带来巨大的回报。比如，计划每天做50个俯卧撑，有些人做到30个就开始觉得撑不下去，勉勉强强坚持到50个就结束。有些人觉得都做了50个了51个也不在话下，再多做一个。长此以往这两种人之间当然就会出现巨大差距。

比努力再努力一点儿，积少成多就能带来不可小觑的变化，最终呈现于结果上。而大多数情况下只要还能嚷嚷出来"已经不行了"，其实往往都还留有余力。

是否能超越极限，是否能再多想一步，都会带来截然不同的结果。

如果能够经常有意识地鞭策自己再努力一把，最终结果一定会惊艳到你自己。据说人们遇到火灾等紧急情况时可以爆发出远超平时水平的力量，这也佐证了人类其实拥有很大的潜能。

大多数情况下，我们往往动辄觉得自己做不到，轻易地去否定自己。但只要摆脱桎梏，任何人都可以爆发出令人惊艳的实力与能量。即使不在火灾这样的极限场景下，我们只要在日常生活中能够有意识地超越自己的极限，也能带来巨大的改变。

比"拼命"更拼，比努力再努力一点点，超越自己的极限吧！

超出预期,出乎意料

大家有听说过预期管理(Expectation Management)吗?预期管理是指管理他人的预期。同样的行动与成果,超出对方预期与否,给对方留下的印象是截然不同的。

比如,同样签下了1亿日元的订单,公司预期为5000万日元和5亿日元的情况下,对结果的评价必定是完全不同的。同样是一份1万日元的礼物,给期待值为5000日元的女朋友和期待值为10万日元的女朋友带来的惊喜也一定是不同的。

也就是说,重要的不是实际价值,而是是否能够超出对方的预期。某些情况下,我们也可以提前管理对方预期(降低预期),送礼物就是一个很好的案例。

虽然看起来像是耍小聪明,但做任何事情前,先正确评估对方的预期是非常重要的。因为只有先明确对方的预期，才能超出对方的预期。

最能让人眼前一亮的其实不是超出预期，而是出乎意料。如果做到超出预期，那么只是超出期待值，但结果还在预料之中。

想做到出乎意料，需要比对方想得更为全面，或是比对方想得更为深远，如此一来，才能赢得对方的惊喜或感谢。说这些并不是教大家去取悦他人，只是如今太多年轻人只习惯于一个指令一个动作地机械执行了。

到底如何才能做到呢？其实非常简单，秉持一腔想要帮助到他人的热情即可。只要诚挚待人，自然愿意想方设法做到更好，从而建立起牢固的人际关系。

不放弃就不会失败

说起"永不言弃",可能容易让人联想到"毅力""干劲"等,给人一种有些过时的感觉。但无论是日常生活和工作中,还是运动上,我们都常常会遇到很多挫折。如果习惯于半途而废,一味逃避,那么人生只会变得平淡无趣。

结果其实取决于看待问题的角度。比如,假设有一个年轻人梦想成为世界拳击冠军,而他在跟一个世界级强者对战时输得一败涂地。如果这时觉得"我根本不是他的对手,放弃吧",那么这个梦想自然会无疾而终,再也不会实现。反之,如果乐观看待,认为"这场对决让我受益匪浅,我现在离梦想更近了",那么失败反而会成为梦想的垫脚石,会激励他更加勤奋练习,或许总有一天梦想成真。

我在工作中亦是如此。就算订单不幸被竞争公司抢到手,我也一定会争取到最后一刻。或许竞争对手会出纰漏搞砸订单呢?或许客户需求有所变化呢?最坏的结果不过是等到三年后重新招标而已,只要不放弃,永远都有希望。

只要不放弃,就不存在失败。而往往只要有这样破釜沉舟的信念,总能守得云开见月明,迎来新的机遇。

我看到如今的年轻人总是轻言放弃,某种意义上来说毫不优柔寡断。虽然或许某些场景下这也不失为一个明智的选择。但如果只是因为畏难情绪或逃避心理,那么此时放弃就是于己无益的。即使再狼狈,只要笑到最后的是自己就好,不用管他人的指指点点,只要顽强地坚持下去,机会一定会出现在你眼前。

只要不放弃,"失败"这两个字就永远不会出现在你的字典上。

就算途中遇到挫折,只要不放弃,逆袭的机会就比比皆是,笑到最后的人才是人生赢家。

对待工作不敷衍

如果被别人指责"敷衍",大家会是什么感受呢?想必不会有人觉得开心。但金无足赤,人无完人,谁都有可能犯错。其实"敷衍"这个词在日语中原本用来形容恰到好处,但现在被用来批评马马虎虎、敷衍塞责的工作或生活态度。

我因为个人经历,对"敷衍"这个词有点儿成见,平时绝不会随意指责别人"敷衍"。

我曾和一个系统工程师共同对接某个甲方。当时研发中的大型项目系统因产品质量问题频频掉链子,为了给甲方解决问题我和系统工程师两个人天天废寝忘食地排查原因。

我俩每天会一同给甲方对接人做工作报告。某一天,当我们像往常一样前往拜访这位董事，向他汇报昨天的分析结果时，在得知我们仍然尚未查明原因后，他直接在那个疲惫不堪的系统工程师同事汇报时严厉指责："别敷衍我行吗！"想必他当时处于风口浪尖上，觉得这样的指责并不过分。但我作为一个乙方，当场气不打一处来，回过神来时发现自己已经在冲着他大吼："收回你这句话！给他道歉！"现在回想起来实在是年轻气盛，我至今仍然认为虽然迟迟没有进展是我们的责任，我们也应该道歉，但作为跟那个系统工程师并肩作战的队友，只有我最清楚他有没有"敷衍了事"。

敷衍指的是一个人的工作态度，是否有将工作放在心上，而不是单纯指结果。因此，虽然对方是甲方，还是一位董事，但他的话也实在无法让我苟同。我实在无法忍受"敷衍"这个词被用在全心全意为客户工作的伙伴身上。而一般来说，作为一个销售人员竟然对甲方大放厥词，即使从此被打入冷宫也不足为奇，但在我指正后，这位董事不以为忤，当场坦诚道歉："你说得对，是我失言了。"

这当然算不上什么佳话，只是我的失败之谈。打那以后我就发誓："绝不敷衍对待工作！"为的是无论何时、何地被任何人指责都问心无愧。我发誓即使做不出成绩，也一定会拼尽全力，绝不会偷工减料、敷衍了事。否则我对那位董事的反驳就完全站不住脚。

或许是诚心感动了上天,最终问题顺利得到解决,而从那以后,那个伙伴总是不遗余力地配合我的工作,当时被我反驳的那位董事也退休了,而我们之间至今仍然保持着联系。偶尔跟他一起喝喝小酒,还要被他打趣"你那时候的表情可太吓人咯"。

成为国际化人才

世界这么大，可英语最菜的估计就是日本人。

我38岁时被外派纽约。虽然之前不是没有自学英语，也通过了TOEIC考试，但真的去了纽约后才发现自己根本跟不上对话。

办公室里会聚了来自加拿大、澳大利亚、法国、中国、印度、韩国等国的外国人，而日本人只有我自己。我只能独自面对这个国际化办公环境。

在这个环境中，我深切体会到的一点是，会议上不发言的人是没有价值的。再令人拍案称奇的主意，放在脑子里不表达出来就等于没有。日本人以"沉默为美德"，说话喜欢加"嗯、啊"这样的语气词，还习惯于会前讨论，因此并不习惯在会议现场与他人热烈讨论。

而令我惊讶的是，同为亚洲人的中国人和印度人，他们的口语虽称不上十分流利，但敢于自信地讲出一些日本人不好意思讲出口的内容，甚至仔细听来可能并没有什么建设性意见，但即便如此，也远比闷不吭声的日本人要受欢迎。

还有一个问题是随着讨论白热化，一味斟酌整理语言会导致我们跟不上话题进展，甚至可能失去发言机会。外国人有些时候甚至会七嘴八舌地热烈讨论，如果一味像日本人这样礼貌地等别人发完言再开口，可能完全插不上话。

==痛定思痛后，我想出了一个对策。那就是提前斟酌整理好一份言之有物的发言，在会议一开始就先声夺人。==

大多数工作会议内容并不难预测，因此我会在会议前整理好发言内容，并将其记得滚瓜烂熟，如此一来，即使会议主题与预期稍有不同，也可以胸有成竹地进行发言。

功夫不负有心人。因为发言都经过事先精心推敲斟酌，所以每次发言其他与会人员都愿意认真倾听，会议自然而然以我的发言为中心展开，我也得以影响了会议的讨论方向。

因为能够提供精辟的切入角度，不仅同事对我刮目相看，开始主动咨询我的意见与建议，讨论时我也开始能拿到发言机会，逐渐建立起了自信，也能够正常参加讨论了。我认为打开局面的关键其实在于勇气与习惯，虽然日本人在国外的困境多少也与日本的英语教育等方方面面的原因有关，但终归只是文化差异，无关优劣。

顺便说句题外话，日本的英语对话练习常常以两人间的对话为主，但我认为其实并不符合实际需求。因为在国外两个人单独对话时，对方一般会耐心地听我们讲话，所以大部分情况下都能够正常建立对话，甚至会给我们一种错误的自信，误以为对话已经是小菜一碟。其实辩论才能够真正反映我们的英语口语能力。大家应该重点提升辩论能力。

<u>日本人和其他国家的人相比，在国外工作的决心完全不是一个级别。</u>因为日本有得天独厚的劳动市场，大多数日本人都觉得总有一天要回日本，从不会想要扎根国外。但其他国家的人不同，他们国内工作机会紧缺，如果不抓住手上的工作机会，或许就找不到下一份工作，因此他们会怀着破釜沉舟、背水一战的决心来直面工作中的挑战。我认为日本人也应该学习这种精神。

言归正传，想要成为国际化人才，就必须提升英语沟通能力。<u>同时，新时代的国际化人才还需要兼容并蓄，灵</u>

活接纳多元价值观。现在我所在的思科（CISCO）作为一家国际企业，一直以来都在致力于推动"多元化"发展，包容发扬不同性别、国家、年龄、宗教人群的多元价值观。虽然不可否认，日本还存在一些因循守旧、价值观僵化的公司，但如今互联网让世界变成了一个地球村，在任何地方人们都能够接触到同样的信息，大企业的商业模式也不再是独家专利，中小企业也完全可以照葫芦画瓢。在世界上某些地方，国家、性别等已不再重要，所有人都是完全平等的。

想要成为新时代的国际化人才，不仅需要提升语言能力，还需要能够灵活接纳不同文化习俗与价值观，并学为己用。

从运动中学习

稍微讲讲与工作无关的话题。我从年轻时起一直很喜欢跑马拉松，因为跑步是我唯一值得一提的长处，而且我也很喜欢这种和工作一样凭耐力取胜的运动。年过五十后，我又开始练起了铁人三项。

令人惊讶的是，非常多的高管也喜欢马拉松和铁人三项。

一部分原因或许是为了保持身体健康，但我认为主要原因或许在于这些运动的某些特性暗合了这些成功人士的心理状态。

下面就让我给大家"安利"一下马拉松和铁人三项的6个魅力之处。

1. 努力与结果成正比。像我打得又菜又喜欢玩的高尔夫等，有些时候再练习也没有长进，没练习直接上场反而拿到还不错的成绩。跑步就完全不同，不仅门槛低，成绩也不会频繁波动，比如，昨天30分钟跑的路程，今天再去跑也不会突然变成15分钟或者1小时。也就是说，在马拉松和铁人三项上，努力是一定有回报的。

2. 比赛是未知的。与职业选手不同，业余爱好者练习马拉松或铁人三项时不会像正式比赛一样跑完全程。铁人三项更是人与自然间的较量，不到正式比赛不会知道比赛路线。因此正式比赛时之所以能够完成比赛，其实是观众的加油声、伙伴间的互相鼓励，以及对平时练习的信心等因素综合作用，激发出了每个人的最大潜能。

3. 竞争对手是自己，而不是别人。虽然马拉松和铁人三项作为一项竞技运动会有排名，客观上也存在竞争对手，但业余爱好者只是为了挑战自己是否能够完成全程，因此是否能够在疲惫得想要放慢脚步时鼓励自己继续奔跑、战胜自己才是关键。

4. 需要针对比赛日程有计划地安排练习与休息。绝对不能超出身体负担。马拉松或铁人三项并不是一味拼命练习就能够提高成绩，把弦绷得太紧反而可能受伤。

5. 跑完全程后无可比拟的成就感。顺利跑完未知的距离时所带来的成就感与自信千金不换。虽然跑的时候常常想，累成这样下次打死也不来了，但跑完后又会觉得真好，下次还要挑战。

6. 最后一点是有团队。运动想要长期坚持当然需要同伴。我是"G.L.T"[①]铁人三项协会的第一批成员，而这一协会目前已经壮大到了100人，想约人练练的话，脸书上一呼百应。一群工作和年龄都不同的人因为同样热爱运动而相识相知，邂逅知己，建立起毫不掺杂利益纠葛的人际关系，这是很难在职场上体会到的快乐。

怎么样？努力就会有回报，能够激发潜能，与自己竞争，需要有计划性，能带来成就感，有同伴……与工作有这么多异曲同工之处，有这么多高管拥趸也就不足为奇了。

另外，跑步和游泳除了能够提升体能之外还有一个优点，那就是放松大脑，跑步时大多数人都会暂时放空大脑。医学研究证明：跑步时大脑仅专注于跑步，能有效缓解时刻操劳的大脑的疲劳。

如果现在还有读者没有任何一项热爱的运动，那么我倾情推荐你挑战一下马拉松或铁人三项。不仅门槛低，而且即使只跑半马也能够让你受益无穷。

---

① Goethe Loves Triathlon，中文译为歌德热爱铁人三项。

榜样的力量

我想问问大家：你们有非常崇拜的前辈或是人生榜样吗？虽然磨炼自身、与对手切磋、听讲座等也可以让我们得到成长，但身边是否有值得学习或是身处困境时可以请教的良师益友也是非常重要的。

我身边是有几位这样的前辈的。职场前辈、常年打交道的老客户，甚至有一位我常常请教的鉴定师。他们会设身处地地倾听我的烦恼，在我迷茫时给予我鼓励鞭策，是我能够全心信赖的人。

近来越来越多的企业都开始引进导师制度，为新入职员工配备导师，从心理等方面帮助其成长。有数据证明，那些能够及时得到老员工指导的新员工成长速度比自己摸索成长的员工快数倍。

我最近常常被委派做新员工的导师,但也不清楚自己是否算得上一个好老师。想必正是因为时代变迁,曾经亲密无间的前后辈关系逐渐疏远,越来越多的年轻人只能靠自己盲目摸索跌跌撞撞成长,所以现在日本企业也开始导入导师制度。

在我那个时代,前后辈以及上下级间的关系是更为分明的。每年新员工进入公司后都不用特意安排导师,前辈都会非常热情主动地来指导或帮忙。其中有些前辈甚至堪称我的人生榜样。

因为憧憬成为与他们同样优秀的人,我时而偷师他们的工作方法与行为方式,时而请教意见建议,时而被对方批评指正。在这个过程中,我逐渐形成了自己的工作方法。

这些值得尊敬的前辈中有些人至今仍然活跃于第一线,但这里我想跟大家讲讲其中一个至今令我难忘的人。姑且称这位前辈为N先生吧。他是我的部长,在我25岁到35岁这10年时间里教会了我关于销售的一切。说实话,N先生是一个很可怕的上司,每次听到他斥责别的同事,我整个人都会被吓得噤若寒蝉。无论是报告写法、方案的遣词用句,还是拜访客户时的细节、问题响应速度,任何一点做错了，N先生都会大发雷霆。无论是撕烂通宵整理的资料，还是连着骂一个小时，把我们骂得狗血淋头都不足为奇，甚至偶尔还会动用暴力。

现在看来，N先生绝对是一个彻头彻尾的"暴君"，甚至可以投诉他职权骚扰。但令人不得不心服口服的是，无论是针对资料还是客户对接，他所给出的意见都那么恰如其分，每次都让我受益匪浅。

他每每发完脾气，一定会约对方去喝酒。虽然不会借此出言安慰或表扬，但都会语重心长地讲讲他对工作的理解。

我为了尽可能向他靠拢，甚至连公文包、钢笔和打火机都用的是N先生同款：黑色公文包、勃朗峰钢笔、登喜路打火机。

<u>尽管最讨厌他，但他也是我的榜样。</u>

N先生总能设身处地从客户角度出发来思考问题，从不妥协。他从不允许任何人损害到一丝一毫的客户利益，即使那个人是公司董事或是社长。他完全不在乎自己的立场，在公司里结下了不少梁子，但同时也深得客户信赖，带领团队连创佳绩。在那时的IBM，他所带领的部门要求最为严格，但业绩也是首屈一指的。如果只会利用职权欺

压他人，想必只会导致团队士气大跌、业绩下滑，但10年间N先生的团队没有任何人退出，成员基本没有变动，而且团队内每个人都有了很大提升。

尤其令人啧啧称奇的是，团队内跟我同年龄段的7个销售人员，已经有5个成为公司董事。

我想绝不会因为这个团队里凑巧就是群英荟萃，而这应该归功于N先生独树一帜的领导力。离开这个团队后，我发现任何工作对我来说都是小菜一碟。

我从他身上学到了对待工作的责任心。遇到困难绝不逃避，不到成功永不言弃。因为知道只要有任何敷衍就立刻会被斥责批评，我也养成了汇报前反复推敲思考的习惯。

我也从他身上学到了信任。无论如何打骂，他最终都会站在下属身边。当我因为系统故障被客户骂得狗血淋头时，是他脸红脖子粗地反驳客户来护着我；当我在公司捅了娄子时，也是他挺身而出来护着我。所以就算有再多酸甜苦辣，我还是愿意同他并肩作战。

也是他，在我因升职销售部长而离开团队时，突然因癌症倒下。虽然手术后万幸身体得以康复，身体却大不如前，也不得不离开了销售的第一线。之后我外派纽约，回国后又历经业务部长、总部长等职位，工作愈加忙碌。但成功就任我梦寐以求的董事一职时，我收到了N先生送给我的花，借此机会我拜访了这位久违的老上司。虽然从职级上来说我已经超过了N先生，但无论是他那强烈的责任心，还是管理团队的能力，我仍甘拜下风。对我来说，他永远都是我"无法超越的榜样"。

我永远不会忘记和这位老上司喝酒时他对我说的话：

"<u>你其实早就已经超过我了。</u>"

这或许是我这辈子听到的最让我开心的一句话。或许是这辈子仅有的一次，我俩不是以上下级身份，而是仅作为人生道路上的前辈和后辈来促膝长谈。

那之后不久，N先生就因癌症复发而住院了。我去医院探望了几次，眼看着他逐渐变得消瘦，终于在某一天驾鹤西去，享年仅56岁。56岁也就是我现在的年纪，实在是英年早逝。

得知N先生去世的消息后，我瞬间哭得不能自已。"我还远远比不上您，您是我一辈子都无法企及的榜样！"这悲伤让我溃不成军，再也无心顾忌家人在旁，整整哽咽了一个小时。虽然他在业界称不上大名鼎鼎，但是他彻底改变了我，他是我人生道路上的良师益友。严于律己，严以待人，但同时又充满温度。我理想中的管理者莫过于此。

每次当我反思自己是否有像N先生一样呵护自己的下属时，都会感到自己望尘莫及，但总有一天我会超越他。或许这就是榜样的力量，激励着人们努力成为理想中的自己。

结　语

感谢各位读者陪我到本书结语。

撰写本书也正好给了我重新思考追求梦想意义的机会。

到底人们为何执着于追求梦想呢？当然是因为我们想要变得幸福。那又如何定义幸福呢？梦想一旦成真，如果不继续追求新的梦想，幸福也往往很难维持。这样想来或许追求梦想本身就是幸福的。

实现梦想的乐趣或许不在于结果，而在于为梦想努力拼搏，与同伴并肩作战的过程。如此充实，又如此幸福。

梦想是实际目标，但我认为其实志向，也就是说我们想成为什么样的人才是最关键的。

因此要先确定志向，而不是一味追求结果。而且要学会感恩，感恩当下，感恩自己有条件去追求梦想。

  我依稀记得曾读到过一句话：人生中的酸甜苦辣都是守恒的。

  如果果真如此，那么与其过那种平平淡淡、无波无澜的人生，我更愿意选择大起大落、波澜壮阔的人生。

  永远不要害怕失败。

  因为能够成功的人永远不会因挫折而灰心丧气，只会不断向胜利发起冲锋，享受奋斗拼搏的过程。再多艰难险阻，都只会成为他们成功道路上的垫脚石。

  如果有时光机能带你重返任何一个时间节点从头开始，你会选择回到什么时候呢？我只会选择当下。

  虽然过去也遇到过不少挫折，但正是因为它们的磨炼，才终于成就了今天的我。没有任何失败是毫无意义的。金无足赤，人无完人，只要不辜负人生中每一天，就没有遗憾。我正是从年轻时开始就一直为梦想和目标奋斗至今的。

  如今日本经济形势逐渐走上了上坡路，日本社会或许即将迎来一个空前绝后的好时代，足以成为在座各位梦想成真的舞台。但是否能够抓住这一时机，则取决于各位自己。而我自己也将继续展望梦想、追求梦想，努力与大家齐头并进。

也感谢所有帮我完成这本书的人。

感谢Kanki出版社的谷内志保不嫌弃我第一次出书天天改来改去，每次见面都能非常耐心地给出中肯的建议，实在是帮了我大忙。

感谢谷内先生为我引荐的Soracom公司董事长玉川宪先生，如果不是他在听了我的经历后建议我出书，或许大家现在根本不会见到这本书。他是我IBM的后辈，如今是一位家喻户晓的话题人物，也是我在商场上以及铁人三项运动上的好伙伴。

感谢Active Brain协会会长小田全宏老师，让我在研讨会及私下交流时学到了很多令人受益匪浅的做法，让我至今受益无穷，我总觉得他"拥有挖掘人所有潜能的魔法，而这魔法足以使人无往而不胜"。

感谢凭借《把100元的可乐卖到1000元》一书一跃成为畅销作家的永井孝尚先生，他不仅是我在IBM工作时并肩作战共同发展软件业务的战友，他那擅长发现核心价值的洞察力也给予了我很多启发，帮助塑造了我的工作观。

还要感谢思科公司的各位同事，如果不是你们在百忙之中还愿意认真听我讲这些经历，甚至示意我多多益善，我永远不会有勇气觍颜写下这本书。

最后当然要衷心感谢我的老婆和女儿,感谢你们不嫌弃我因为工作到处跑,一直包容我、关心我,感谢你们给了我活着的勇气。谨以此书献给意外去世于我换工作后第一天的母亲,感谢您不嫌弃我从小给您添了那么多麻烦,一直包容相信我。

最后,让我再对各位唠叨一句:你们的潜能是无限的!只要不放弃,就永远不会失败!我衷心祝愿各位都能如愿以偿,马到成功。

主要参考文献

《思考致富》拿破仑·希尔(著),田中孝显(译)/Kiko书房

《镜子的法则:实现幸福人生的魔法》野口嘉则(著)/综合法令出版社

《秘密》乔·维泰利(著),铃木彩子、今泉敦子(译)/东方出版社

《快乐竞争力:赢得优势的7个积极心理学法则》肖恩·埃科尔(著)高桥由纪子(译)/德间书店

《每天1分钟!世界一流人才都在学的"觉察力工作术"》吉田昌生(著)/Forest出版社

《开启幸运思维》小田全宏(著)/Chopin出版社

《负面情绪的逆思考术》小田全宏(著)/Sunmark出版社

《成功学有科学依据吗?》奥健夫(著)/综合法令出版社

《荷欧波诺波诺人生》卡麦拉·拉斐洛维奇（著），Irene Taira（译）/讲谈社

《简单的脑，复杂的"我"》池谷裕二（著）/讲谈社

《过度进化的大脑》池谷裕二（著）/讲谈社

《思考变成现实》Pam Grout（著），樱田直美（译）/Sunmark出版社

《人类会成为自己想象中的人！》厄尔·南丁格尔（著），田中孝显（译）/Kiko书房

《未来的商业精英不可错过的"隐形力量"》飞泽诚一（著）/东洋经济新报社

《如何坚定决心——解读吉田松阴》池田贵将（编译）/Sanctuary出版社

Mission 岩田松雄（著）/Ascom出版社

《断舍离》山下英子（著）/Magazine House

《自在力》山下英子（著）/Magazine House

《谁说大象不能跳舞？》路易斯·郭士纳（著），山冈洋一、高远裕子（译）/日本经济新闻社